Sitzungsberichte
der Akademie der Wissenschaften
der DDR
Mathematik – Naturwissenschaften – Technik

1N

1981

# Adsorption an Zeolithen

AKADEMIE-VERLAG · BERLIN

Sitzungsberichte
der Akademie der Wissenschaften
der DDR
Mathematik — Naturwissenschaften — Technik

Jahrgang 1981 · Nr. 1/N

# Adsorption an Zeolithen

Mit 26 Abbildungen, 12 Tabellen und 5 Tafeln

AKADEMIE-VERLAG · BERLIN
1981

Vorträge des Festkolloquiums anläßlich des 60. Geburtstages von Wolfgang Schirmer, Ordentliches Mitglied der Akademie der Wissenschaften der DDR, veranstaltet von der Klasse Chemie und dem Zentralinstitut für physikalische Chemie der AdW der DDR am 20. März 1980

Herausgegeben im Auftrage
des Präsidenten der Akademie
der Wissenschaften der DDR
von Vizepräsident Prof. Dr. Heinrich Scheel

ISSN 0138–3956
Erschienen im Akademie-Verlag, DDR-1080 Berlin, Leipziger Str. 3–4

Lizenznummer: 202 · 100/51/81
Gesamtherstellung: VEB Druckhaus Köthen
Bestellnummer: 7629340 (2010/81/1/N) · LSV 1215
Printed in GDR
DDR 8,– M

## Inhalt

*Gerhard Keil*, Ordentliches Mitglied der Akademie der Wissenschaften der DDR
Laudatio ... 5

*Harry Pfeifer*, Ordentliches Mitglied der AdW der DDR
Molekulare Diffusion in Zeolithen ... 16

*Rolf Schöllner, Prof. Dr.*, Karl-Marx-Universität Leipzig
Zum Transportverhalten diffundierender Moleküle in A-Zeolithen ... 24

*Peter Adolf Thiessen*, Ordentliches Mitglied der AdW der DDR
Haften und Ausbreiten von Schmelzen auf Festkörperoberflächen ... 35

*Dr. Helmut Stach* und *Dr. Klaus Fiedler*, Zentralinstitut für physikalische Chemie der AdW der DDR
Experimentelle und theoretische Beiträge zur Thermodynamik der Adsorption von Kohlenwasserstoffen an synthetischen Zeolithen vom Faujasittyp ... 43

*Wolfgang Schirmer*, Ordentliches Mitglied der AdW der DDR
Schlußwort ... 67

Gerhard Keil

# Laudatio

Sehr geehrter Jubilar, verehrte Anwesende!

Es ist mir eine große Ehre, das heutige Festkolloquium eröffnen zu dürfen. Ich möchte Dir, lieber WOLFGANG SCHIRMER, im Namen aller hier Anwesenden und vieler anderer Fachkollegen und Partner in Forschung und Industrie zu Deinem 60. Geburtstag nochmals herzlich gratulieren. Dies ist verbunden mit dem aufrichtigen — aber auch nicht uneigennützigen Wunsch — Du mögest uns noch lange Jahre als schöpferischer, kritischer und gerechter Genosse erhalten bleiben.

Aus Deinem schaffensreichen Leben treffend zu berichten, ist schwer; denn nicht immer sind die Ereignisse, die wir zu den großen zählen, auch die, die den Lebensweg bestimmend und bleibend beeinflussen. Außerdem ist es mit einer Laudatio zum 60. Geburtstag so schwer, weil sie für viele weitere Ehrungen oft als Richtschnur genommen wird.

Als der Berliner Chemiker, unser Ordentliches Mitglied, H. H. FRANCK, im Jahre 1954 seinen ehemaligen Doktoranden mit den Worten „*Es wird kaum einen Wissenschaftler für chemische Technologie unter den jüngeren Lehrkräften der DDR geben, der wie Herr Schirmer gediegene wissenschaftliche Ausbildung mit reichen technologischen Kenntnissen und praktischen Erfahrungen sowie Geschick im Umgamg mit Menschen vereinigt*“ der TH Leuna-Merseburg als Professor empfahl, war WOLFGANG SCHIRMER in der Fachwelt längst kein Unbekannter mehr.

Welche Ereignisse haben den Lebensweg des damals 34jährigen geprägt, so daß FRANCK diese Worte aussprechen konnte, die auch heute noch Basis des Persönlichkeitsbildes von WOLFGANG SCHIRMER sind?

Am 3. März 1920 in Berlin geboren, besuchte er hier auch die Oberschule und entdeckte seine Liebe zu den Naturwissenschaften. 1938 begann er das Studium der Chemie, Physik, Mathematik und allgemeinen Naturwissenschaften und legte 1940 die Vordiplomprüfung als Chemiker ab. Die Diplomarbeit unter Leitung von Prof. Dr. MAX BODENSTEIN über das Thema „*Der katalytische Hydroxylaminzerfall bei niedrigen Drücken*“ führte ihn in das Gebiet der chemischen Reaktionskinetik, einem Gebiet, dem er sich auch heute noch in Theorie und Praxis verbunden fühlt. Von seiner Diplomprüfung 1943 bis zur

Niederschlagung des Faschismus arbeitete er bei der Firma Lorenz AG über physikalisch-chemische Probleme bei intermetallischen Verbindungen.

Unmittelbar nach Kriegsende begann WOLFGANG SCHIRMER unter Leitung von H. H. FRANCK mit seiner Doktorarbeit zum Thema *„Die Kinetik der Oxydation von Stickstoffoxyd zu Salpetersäure unter erhöhtem Druck"*. Die praktischen Arbeiten hierzu führte er vornehmlich im Stickstoffwerk Piesteritz aus. Dazu dienten ihm Reste von Chemikalien, die die Kriegseinwirkungen überstanden hatten.

Das Ende seiner Doktorandenzeit fällt schon in die Periode seiner festen Anstellung im Stickstoffwerk Piesteritz. Die Leitung des SAG-Betriebes war frühzeitig auf den jungen Chemiker aufmerksam geworden, der sich durch ein fundiertes Wissen, eine hohe Fähigkeit der praktischen Umsetzung und ein schnelles Erkennen des im Betrieb Erforderlichen auszeichnete, und der sich in seiner aufrechten und parteilichen Art wohltuend von einer Vielzahl der aus der Zeit der Bayrischen Stickstoffwerke Trostberg stammenden Wissenschaftler unterschied. Für WOLFGANG SCHIRMER war der Übergang von West-Berlin nach Piesteritz nicht nur eine Entscheidung über die fachliche Arbeit, sondern ein klares politisches Bekenntnis. Der Beginn der beruflichen Tätigkeit von WOLFGANG SCHIRMER als Laborchemiker und späterer Leiter des Versuchslaboratoriums fällt zusammen mit der „Stunde Null" der chemischen Industrie in der DDR. Ein großer Teil der Produktionskapazität der chemischen Industrie war zerstört, der Facharbeiter- und Technikerstamm durch die Kriegswirren dezimiert. Im Stickstoffwerk Piesteritz wurde nach Verfahren gearbeitet, die im Stammbetrieb entwickelt wurden und für die es keine verfügbaren wissenschaftlichen Unterlagen gab. Hinzu kam, daß es den Nazis gelungen war, das frühere rote Piesteritz systematisch mit ihren Parteigängern zu durchsetzen, eine Tatsache, die längere Zeit ihre Auswirkungen zeigte. Die Aufgabe des Versuchslabors bestand in erster Linie darin, fehlende Informationen über Produktionsprozesse und Verfahrensstufen nachträglich zu erarbeiten und dabei gleichzeitig nach Möglichkeiten der Verbesserung zu suchen. Derartige Laboratorien waren also die Voraussetzung für das Wieder-in-Gang-Kommen der Produktion; ihr Zusammenwirken mit den Produktionsabteilungen bis zum letzten Ofen bestimmte wesentlich die Planerfüllung. Gestützt auf ein von seinem Arbeitseifer geprägtes Kollektiv gelang es Genossen SCHIRMER, die erste große Feuerprobe seiner beruflichen Laufbahn zu bestehen.

Neben der Düngemittel- und Carbid-Produktion fand man in Piesteritz bald auch Möglichkeiten, überall benötigte Arznei- und Gesundheitspflegemittel sowie Kosmetika herzustellen. Den dringendsten Bedürfnissen in der Nachkriegszeit entsprach das Piesteritzer Backpulver.

Unter der Belegschaft, vor allem auch unter den politisch aktiven Arbeitern, und der sowjetischen Leitung erwarb sich Genosse SCHIRMER großes Vertrauen, so daß er bereits 1950 zum Werkleiter berufen wurde. In dieser Funktion setzte er seine Bemühungen fort, die Produktion des Betriebes zum Nutzen für die

Gesellschaft ständig zu erhöhen und stützte sich dabei auf die klassenbewußte Arbeiterschaft. Sein besonderes Augenmerk galt damals schon der Förderung der jungen Intelligenz und ihrer Verbindung zur Arbeiterklasse. Er demonstrierte am eigenen Beispiel, daß man neben den Alltagsaufgaben die wissenschaftliche Weiterbildung nicht vernachlässigen darf. Die Ergebnisse seiner Doktorarbeit wurden im Stickstoffwerk praktisch genutzt. Aus einer aktuellen Fragestellung der Produktion heraus leitete er die Thematik seiner Habilitationsarbeit „*Kinetik der Azotierung von Calciumcarbid zu Kalkstickstoff*" ab, mit der er sich im Dezember 1954 an der Humboldt-Universität Berlin habilizierte. Diese Arbeit behandelt im wesentlichen ein festkörperchemisches Problem, dessen Lösung nach dem damaligen Wissensstand durch Synthese der Theorien von TAMMANN und von HÜTTIG sowie von Auffassungen über die Struktur von Halbleitern nach HAUFFE gelang. Diese Art der Verbindung der Theorien war damals neu; sie gestattete, die Vorgänge, die bei der Bindung des Stickstoffs aus der Gasphase auftraten, zu deuten.

Bedeutungsvoll war, daß die Erkenntnisse an einem technischen Produkt, das keine einheitliche Substanz darstellt, gewonnen wurden, wobei die während der Reaktion eintretende Abscheidung von Kohlenstoff eine weitere Komplikation für die Untersuchung darstellte. Die Erkenntnisse hatten damals Modellcharakter für derartige Gasphasen-Festkörperreaktionen, sie wurden aber durch die folgenden festkörperphysikalischen und -chemischen Arbeiten der sechziger Jahre überholt.

Im gleichen Maße, wie es ihm gelang, eine Brücke von der Forschung zur Produktion zu schlagen, strebte er danach, die Anforderungen an den politisch aktiven Menschen mit denen an den Leiter und Fachmann in Einklang zu bringen. Sein stets klassenbewußtes, ehrliches und integres Auftreten sowie sein Gespür für Gerechtigkeit brachten der Idee des Fortschritts viele neue Anhänger und schufen im Werk ein Klima des Vertrauens, das schließlich die Basis für neue und größere Erfolge wurde.

Die Einführung neuer Arbeits- und Leitungsmethoden, die zu einer ständigen Erhöhung der Arbeitsproduktivität führten, sowie sein Engagement bei der Verbesserung des sozialen und kulturellen Lebensniveaus der Belegschaft waren Anlaß zur Verleihung des Ehrentitels „Held der Arbeit" am 2. Jahrestag der DDR.

WILHELM PIECK sagte von WOLFGANG SCHIRMER anläßlich eines Besuches in Piesteritz, daß er für ihn den Typ des neuen sozialistischen Werkleiters verkörpere.

Nicht in allen Chemiebetrieben der DDR war bereits das erreicht, was für Piesteritz in mancher Beziehung selbstverständlich geworden war. Es wundert daher nicht, daß WOLFGANG SCHIRMER bald der Ruf für größere und schwerere Aufgaben erreichte.

Mit 33 Jahren wird WOLFGANG SCHIRMER im Februar 1953 deutscher Werkleiter des größten Chemiebetriebes der DDR, der Leuna-Werke. Die sowjetische Generaldirektion war von hervorragenden Fachleuten besetzt. Bei einigen Mitgliedern der deutschen Werkleitung hatte sich jedoch, wie bei großen Teilen der technischen Intelligenz, der Geist der IG-Farben über Zerstörung und Wiederaufbau hinweggerettet. Unter den harten Bedingungen der Nachkriegszeit, in der Wiedereröffnung und Steigerung der Produktion Hauptsorge der leitenden Genossen war, blieb zu wenig Zeit, mit der geistigen Hinterlassenschaft des Faschismus aufzuräumen. Nun, da der Betrieb in die Selbständigkeit entlassen werden sollte, wurden diese Relikte zum Hindernis. Die enge Verbindung der ehemaligen IG-Leitung mit den Nachfolgekonzernen sowie die traditionelle Abhängigkeit unserer Chemiebetriebe von Rohstofflieferungen aus Westdeutschland wurden zu ständigen Störungen unserer Wirtschaft ausgenutzt. Es galt also, mit neuen Männern an der Spitze nach eigenen Wegen in der Chemie zu suchen und die Menschen von der Richtigkeit dieses Weges zu überzeugen. Kurz nach der Übernahme seiner neuen Funktion erlebt Genosse SCHIRMER in Leuna den konterrevolutionären Putschversuch vom 17. Juni 1953. Dank auch der umsichtigen Haltung der Werkleitung wurden die Unruhen schnell unter Kontrolle gebracht und unwirksam gemacht.

Anders als in Piesteritz hatten sich in Leuna zu dieser Zeit zum Teil jene Kräfte wieder formiert und an verschiedenen Stellen maßgeblich Einfluß gewonnen, die an der neuen Ordnung nicht interessiert waren. Die Situation war auch in der Hinsicht schwieriger, da einige der Vertreter der alten Ordnung es inzwischen verstanden hatten, als biedere Genossen aufzutreten.

WOLFGANG SCHIRMER stand also vor der Aufgabe, an der einen Front für die Entwicklung des Werkes und die Steigerung der Produktion zu kämpfen, an der anderen Front jedoch den Einfluß der IG-Farben-Manager zu erkennen und zurückzudrängen. Diese Verantwortung wuchs, als der Betrieb am 1. 1. 1954 in das Volkseigentum der DDR überging und WOLFGANG SCHIRMER symbolisch aus den Händen des sowjetischen Generaldirektors SEMENNIKOV den Betriebsschlüssel entgegennahm.

Gestützt auf anfänglich nur wenige Vertraute demonstrierte WOLFGANG SCHIRMER einen Leitungsstil, der selbst seinen Widersachern Achtung abverlangte. Innerhalb von kurzer Zeit gelang es ihm, sich einen Überblick über alle im Leuna-Werk ablaufenden Produktionsprozesse zu verschaffen und eine Einschätzung von deren Leistungsfähigkeit und Schwächen vorzunehmen.

Schwierigkeiten wurden „vor Ort“ mit allen Beteiligten analysiert und beseitigt. Seine wertvollsten Leitungsinformationen bezog er auch hier von der Basis, aus unmittelbaren Kontakten mit den Arbeitern an den Produktionsanlagen. Er ließ niemals Zweifel daran aufkommen, daß die Probleme der Belegschaft auch seine Probleme waren, für deren Lösung er sich einsetzte. Wie schon in Piesteritz, war es vornehmlich sein fachlich fundiertes, korrektes und gerechtes Auftreten, das nach und nach ein enges Vertrauensverhältnis zwischen ihm und der Belegschaft aufkommen ließ.

Jetzt hatte man sichtbar Gelegenheit, den Unterschied zwischen einem IG-Manager und einem sozialistischen Leiter zu erkennen.

In der Zeit, in der das Leuna-Werk unter WOLFGANG SCHIRMERS Leitung stand, wurden volkswirtschaftlich bedeutende Vorhaben realisiert bzw. in Angriff genommen. Es seien hier nur die Wichtigsten genannt:

— 1956 Aufbau einer neuen Harnstoffanlage
— 1957 Errichtung neuer Anlagen zur Herstellung von Dimethylharnstoff und Dimethylformamid
— 1959 Baubeginn von Leuna II
Umstellung der Braunkohle-Hydrierung auf Erdöl
Inbetriebnahme der ersten L-Forming-Anlage
— 1960 Inbetriebnahme der Hydrazin-Anlage
— 1961 Aufnahme der Produktion von Edelgasen
— 1962 Erweiterung der HF-Leim-Produktion
Vorbereitung der Salicylsäure-Produktion

Des weiteren wurden die Produktionskapazitäten für

Caprolactam, Dimethylamin, Formamid und Methanol

wesentlich vergrößert.

Neu in die Produktion aufgenommen wurden Metaupon, eine Reihe von Herbiciden, Epoxidharz, verschiedene Polyamid-Plastmassen, Kältemaschinenöl und verschiedene moderne Katalysatoren.

Ein Versuchskraftwerk auf der Basis von Salzkohle nahm seine Arbeit auf.

Für die heute sehr bedeutenden Forschungskomplexe

n-Paraffin-Gewinnung (Parex-Verfahren)
Butadien-Extraktion (Difex-Verfahren)
Hochdruck-Polyethylen und
Oxosynthese

wurden damals in den hervorragend arbeitenden Forschungseinrichtungen des Leuna-Werkes die Voraussetzungen geschaffen. 1961 erreichte der Betrieb erstmalig eine Warenproduktion von mehr als 1 Mrd. M/a.

Neben den erforderlichen organisatorischen Aufgaben als Werkleiter bot sich dem Chemiker im Leuna-Werk ein breites Feld zur wissenschaftlichen Betätigung. In diesem wichtigen Abschnitt seiner Entwicklung erwarb sich WOLFGANG SCHIRMER vertiefte Kenntnisse auf dem Gebiet der Bildung und Wandlung von Kohlenwasserstoffen und der Herstellung von Ammoniak und Harnstoff. Auch hier galt schon den Adsorptionsprozessen seine Aufmerksamkeit.

Die Verantwortung als Werkleiter verlangte es, daß sich der Chemiker ebenfalls um die ökonomische Durchdringung der industriellen Prozesse bemühen mußte, eine heute überall anerkannte Forderung, die jedoch damals nicht von allen Wissenschaftlern akzeptiert wurde. Hervorzuheben ist weiterhin, daß es ihm als Werkleiter ein stetes Anliegen war, ökonomische und wissenschaftliche Probleme einem breiten Kreis von Werktätigen verständlich zu machen. Damit trug er viel dazu bei, eine Brücke zwischen Arbeiterklasse und Intelligenz zu schlagen.

1955 wurde WOLFGANG SCHIRMER Professor am Lehrstuhl für Physikalische Chemie der Technischen Hochschule Leuna-Merseburg und 1963 Professor für das Fach Chemische Technologie an der Humboldt-Universität Berlin. Die Berufungen wurden begründet von solchen hervorragenden Gelehrten, wie unseren Mitgliedern PETER A. THIESSEN und H. H. FRANCK, aus dessen Beurteilung eingangs schon zitiert wurde. Seine wissenschaftlichen Arbeiten, die in zahlreichen Publikationen ihren Niederschlag fanden, führten 1959 zu seiner Ernennung zum Korrespondierenden Mitglied und im Jahre 1961 zum Ordentlichen Mitglied der Akademie der Wissenschaften.

Mit den Erfahrungen einer langjährigen Tätigkeit in der chemischen Industrie ausgerüstet, kam WOLFGANG SCHIRMER 1962 an die Akademie. Er wirkte zunächst als Stellvertreter von Professor THIESSEN, dem Direktor des Institutes für Physikalische Chemie, und ab 1. 1. 1964 selbst als Direktor dieser Einrichtung. Dieser Wechsel war kein Bruch in seiner Arbeit, sondern die Fortsetzung der Bemühungen auf einem anderen Schauplatz, durch gute Leistungen, vor allem durch praxiswirksame wissenschaftliche Erkenntnisse, zum Wohle unserer Republik beizutragen.

Umfaßte die Forschungstätigkeit von WOLFGANG SCHIRMER in der Piesteritzer Zeit vorwiegend Themen „der reinen Chemie", so brachten es die aktuellen Produktions- und Forschungsaufgaben des Leuna-Werkes mit sich, daß sich sein Intereses mehr und mehr den Trennprozessen zuwandte. Schon hier förderte er maßgebend die Bildung einer Forschungsgruppe, die sich mit den Vorhängen an mikroporösen Adsorbentien befaßte und später den Kern der Parex-Forschungsgruppe in Leuna bildete.

Auch das besondere Augenmerk des Institutsdirektors galt — neben den vielschichtigen wissenschaftlichen und wissenschafts-organisatorischen Aufgaben allgemeiner Art — nach wie vor der Untersuchung von Adsorptionsvorgängen an natürlichen Molekularsieben bzw. an synthetischen Zeolithen. Es gelang ihm dabei, unter Nutzung und Erweiterung der im Institut für Physikalische Chemie vorhandenen Möglichkeiten die Adsorptionsforschung mit einem höheren Grad der theoretischen und mathematischen Durchdringung fortzusetzen.

Bei der Selektivadsorption an Molekularsieben wurde der systematische Einsatz auch längerkettiger Normalkohlenwasserstoffe dazu verwendet, nicht nur experimentelle, sondern auch theoretische Erkenntnisse abzuleiten. Obwohl Ende der sechziger Jahre die Vorstellung bestand, daß vielatomige n-Paraffine (bis zu $C_{18}$) kein Gegenstand einer statistisch-thermodynamischen oder quantentheoretischen Interpretation sein könnte, da hierfür die rechentechnischen Voraussetzungen noch fehlten, belegten die auf Vorschlag von Wolfgang Schirmer von K. Fiedler und Mitarbeitern unmittelbar durchgeführten statistisch-thermodynamischen Arbeiten zur Berechnung von Adsorptionsdaten dieser Systeme sehr wohl die Brauchbarkeit derartiger statistisch-thermodynamischer Ansätze. Mit Hilfe der Zellentheorie, die den natürlichen Hohlraum des Zeoliths als Begrenzung für das zu untersuchende thermodynamische System festlegte, konnte erstmals der Nachweis erbracht werden, daß die Adsorption von n-Paraffinen mit bis zu 18 C-Atomen mit Hilfe von wenigen Ausgangsparametern berechnet werden kann.

Es wurden Werte der Adsorptionsenthalpie und -entropie, der spezifischen Wärme und Vorstellungen über die Struktur der im Hohlraum adsorbierten Moleküle gewonnen, die bis dahin in dieser Form nicht berechnet worden waren und mit den zur Verfügung stehenden technischen Mittel als nicht berechenbar galten. Die Erkenntnis, daß in bestimmten Fällen gekrümmte Adsorptionsisosteren auftreten, widersprach den Ableitungen der allgemein anerkannten Potentialtheorie. Die Erscheinungen konnten als Umlagerungsvorgänge von Nicht-Schottkyschen Typ geklärt werden. Derartige Erscheinungen waren in Zeolithen noch nicht beobachtet worden. Die Erweiterung der Zellentheorie auf andere Systeme erwies sich als fruchtbar für die gesamte theoretische Darstellung der Adsorptionsvorgänge an Kohlenwasserstoff-Zeolithsystemen. Diese Ergebnisse sind z. B. in das international anerkannte Lehrbuch von R. M. Barrer über Zeolithe, das 1978 in England erschien, aufgenommen worden. Bereits 1964 wurden hervorragende Ergebnisse zur Kohlenwasserstoff-Trennung vorgelegt, die von der Industrie für eine Verfahrensentwicklung im großtechnischen Maßstab mit genutzt werden konnten. In dieser Vorstufe des heutigen Parex-Verfahrens dienten leichte n-Paraffine als Desorptionsmittel.

In einer weiteren Etappe der Untersuchungen konnte in enger Zusammenarbeit mit dem Leuna-Werk festgestellt werden, daß die Desorption mit Hilfe eines Lösungsmittelgemisches (mit Ammoniak als Hauptbestandteil) zu weitaus besseren Ergebnissen führt:

- die Prozeßführung war wesentlich einfacher,
- eine tiefere Desorptionswirkung wurde erzielt,
- die Gesamtausbeute konnte erhöht werden und
- die katalytische Spaltung der Kohlenwasserstoffe an den Molsieben ging erheblich zurück.

Vor der Forschungsgruppe stand nun die damals vielen als unlösbar erschienene Aufgabe, die im Labormaßstab erzielten Ergebnisse auf technische Maßstäbe zu übertragen, damit innerhalb kürzester Zeit die bereits in der Projektierung befindliche erste Parex-Variante entsprechend verändert werden konnte. Unter Leitung von Wolfgang Schirmer wurde eine überbetriebliche sozialistische Arbeitsgemeinschaft gebildet, die in einem kurzfristigen Sonderprogramm alle noch offenen Probleme und Fragestellungen, insbesondere zur Ammoniakadsorption löste.

In dieser Zeit entstand die Idee, die während des industriellen Prozesses ablaufenden Vorgänge in einem mathematischen Modell zu erfassen. Das Ziel war zunächst, die Voraussetzungen für den Einsatz eines Prozeßrechners zu schaffen, mit dessen Hilfe eine optimale Fahrweise der Anlage erreicht werden sollte. WOLFGANG SCHIRMER gelang es, eine für die damalige Zeit ungewöhnliche und effektive interdisziplinäre Zusammenarbeit von Chemikern, Verfahrenstechnikern, Mathematikern und Physikern zustande zu bringen und durch seine eigene Ideen wesentlich zu befruchten. Um ein möglichst reales Modell zu erarbeiten, waren neben den mathematischen Untersuchungen eine Vielzahl von experimentellen und meßtechnischen Arbeiten erforderlich, wobei die Hauptschwierigkeit darin bestand, die vorwiegend im Labor gewonnenen Ergebnisse auf großtechnische Maßstäbe zu übertragen.

Der volle Wert der damals von WOLFGANG SCHIRMER vorgeschlagenen Modellierung des Parex-Prozesses zeigt sich uns erst heute. Die ursprünglich für einen Durchsatz um 50 kt/a projektierte Anlage sollte auf Anforderung der Nutzer zunächst auf 120, später auf 200 kt/a erweitert werden. Das Leuna-Werk stand vor dem Problem, kurzfristig Projektierungsunterlagen zur Verfügung zu stellen, die die geforderte Durchsatzerhöhung bei Modifizierung des Einsatzproduktes, des Trägergases und der Anzahl der Adsorber berücksichtigt. Die benötigten Unterlagen waren in der zur Verfügung stehenden Zeit experimentell nicht zu erstellen. Mit Hilfe des Modells gelang es jedoch, in engster Zusammenarbeit mit dem Verfahrensträger Leuna, die unter den spezifischen Bedingungen des jeweiligen Einsatzortes günstigste Variante der Parex-Anlage zu ermitteln.

Inzwischen werden 200 kt-Anlagen vom Chemieanlagenbau der DDR in die Länder des RGW geliefert. Die heutigen Erfolge dieses Verfahrens bei der Gewinnung des wichtigen Grundstoffes Paraffin bestätigen den Weitblick von WOLFGANG SCHIRMER, den er sich auch in kritischen Phasen bei der Bearbeitung dieses Themas bewahrt hat. Sie zeugen aber auch davon, daß es bei hervorragender Zusammenarbeit den Partnern in Industrie und Forschung möglich ist, Forschungsergebnisse mit hohem volkswirtschaftlichen Gewinn in die industrielle Praxis zu überführen. In diesem Falle trug die detaillierte Kenntnis der spezifischen Bedingungen der Industriepartner von WOLFGANG SCHIRMER nicht wenig zum Gelingen bei.

Die Arbeiten zum Thema Paraffin-Extraktion sind eingebettet in die gesamte Adsorptions- und Zeolithforschung des Zentralinstituts für Physikalische Chemie. Als weiteres Ergebnis der Arbeiten von WOLFGANG SCHIRMER sei daher noch der Komplex der Adsorptionskinetik genannt. Hier wurden auf seinen Vorschlag hin und in enger Zusammenarbeit mit unserem Mitglied H. PFEIFER von BÜLOW, KÄRGER und Mitarbeitern Untersuchungen über die Bestimmung des Selbstdiffusionskoeffizienten mit Hilfe der konventionellen Sorptionstechnik und der von H. PFEIFER entwickelten Feldgradientenimpulstechnik der Kernresonanz angestellt. Jahrelang war zwischen diesen beiden Methoden eine Ergebnisdifferenz bis zu vier Zehnerpotenzen bei der Größe des Selbstdiffusionskoeffizienten zu beobachten. Jetzt stellte sich heraus, daß die nach der konventionellen Technik gefundenen Daten in vielen Fällen einer Korrektur bedürfen und daß die damals eingehaltenen Randbedingungen dem Experiment nicht gerecht wurden. Nach den von den Autoren durchgeführten sorgfältigen Untersuchungen, die inzwischen auch international bestätigt wurden, kann die Sorptionstechnik heute so durchgeführt werden, daß zwischen ihr und den Kernresonanzdaten kein Unterschied mehr besteht. Mit diesem Ergebnis wurden nicht nur einige andere Differenzen bei Meßergebnissen beseitigt, sondern es wurde ein über mehr als fünf Jahre dauernder Streit über die richtige Meßtechnik und die zu ziehenden theoretischen Schlußfolgerungen eindeutig geklärt. Der Diffusionsmechanismus wird heute weitgehend richtig gedeutet, Grenzflächeneffekte werden besser erkannt.

Die Wertschätzung, die man den Ergebnissen des Zentralinstituts für Physikalische Chemie weltweit entgegenbringt, zeigt die Resonanz auf die Vorträge WOLFGANG SCHIRMERS bei den bisherigen internationalen Zeolithkonferenzen, in denen jeweils die neuesten Ergebnisse der Arbeitsgruppe vorgestellt wurden. Auf der Zeolithkonferenz in Chicago (1977) hielt WOLFGANG SCHIRMER einen Plenarvortrag. Zur Zeit ist er Mitglied des Vorbereitungskomitees für die nächste Konferenz in Neapel. Dem Zentralinstitut für Physikalische Chemie wurden bereits vier Vorträge für diese Konferenz bestätigt. Es ist damit die mit Vorträgen am stärksten vertretene Institution. Auch das ist ein Zeichen der Anerkennung der von WOLFGANG SCHIRMER geleiteten Forschungsrichtung.

Der Zusammenschluß mehrerer Institute zum Zentralinstitut für Physikalische Chemie im Jahre 1968 brachte eine Reihe schwieriger Probleme mit sich, die den Direktor WOLFGANG SCHIRMER vor eine neue Bewährungsprobe stellten. Gleichzeitig wurden aber durch diese Organisation die Voraussetzungen für eine noch engere Kooperation zwischen den Teilgebieten der Physikalischen Chemie, der Katalyse und der Analytik geschaffen, die heute ihre Früchte trägt.

WOLFGANG SCHIRMER hat es stets verstanden, die Besonderheiten der im Zentralinstitut für Physikalische Chemie vertretenen Teildisziplinen zu erkennen und die entsprechenden Richtungen so zu entwickeln, daß für das Gesamte ein Optimum an Ergebnissen zu erwarten war.

Den Katalytikern des Zentralinstitutes war WOLFGANG SCHIRMER stets ein kritischer und konstruktiver Partner. Wichtige Entwicklungen auf dem Gebiet der Plasmachemie wurden durch ihn angeregt und gefördert. Die im Rahmen des Instituts und des Methodisch-diagnostischen Zentrums erforderlichen Erweiterungen und Weiterentwicklungen auf dem Gebiet der Analytik fanden stets sein Interesse und seine Förderung.

In der Zeit seit der Gründung des Zentralinstituts für Physikalische Chemie wurden wichtige Gebiete, die einerseits der Weiterentwicklung der physikalischen Chemie und andererseits volkswirtschaftlich bedeutenden Erfordernissen dienen, neu aufgenommen bzw. wesentlich erweitert:

- die physikalisch-chemische Analytik im Rahmen der Bildung und Profilierung des Methodisch-diagnostischen Zentrums,
- die Hochtemperaturchemie mit dem Schwerpunkt auf den plasmachemischen Arbeiten zur Kohlenwasserstoffwandlung,
- die theoretische Chemie, insbesondere mit ihren quantenchemischen Berechnungsmethoden für katalytische und radikalische Prozesse sowie
- die Profilierung und Praxisorientierung der Arbeiten zu und an dispersen Systemen, u.a. der Kolloidchemie.

Sein Interesse an der Grenzflächenchemie blieb keinesfalls auf das enge Gebiet der Adsorptionsprozesse beschränkt. Wolfgang Schirmer ist ein anerkannter Fachmann der allgemeinen Grenzflächenchemie einschließlich der Festkörperreaktivität, der Katalyse und der Permeation, gerade in der letzten Zeit wandte er sich verstärkt den Grundlagen von Vorgängen in heterogenen Systemen zu, also den Vorgängen an der Grenzfläche von Festkörpern, die zu chemischen Umsetzungen führen.

Sein besonderes Verdienst auf wissenschaftlichem Gebiet liegt zweifellos in seinem ständigen Wirken für die Einheit der physikalischen Chemie als komplexe Wissenschaftsdisziplin innerhalb der Chemie. Dabei ließ er sich nie vom Konservatismus leiten, sondern sah die Weiterentwicklung solcher Teildisziplinen, wie der theoretischen Chemie, der analytischen Chemie, der Kolloidchemie usw. bis hin zu ihren verfahrenstechnischen Anwendungen als eine konsequente Entwicklung der physikalischen Chemie als Ganzes. Dieser Gedanke kommt auch in seinen Vorlesungen und seinen zahlreichen Vorträgen zum Ausdruck.

Ein Ergebnis des überaus fruchtbaren wissenschaftlichen Wirkens von Wolfgang Schirmer sind ca. 140 Publikationen sowie eine umfangreiche Gutachtertätigkeit. Auf Grund seines großen Überblicks über Querschnittsprobleme der chemischen Industrie und der chemischen Forschung wird seine Beratung bei zentralen wissenschaftlichen und wissenschaftsorganisatorischen Aufgaben, Prognosen und Konzeptionen in besonderem Maße geschätzt.

Als „gelernter Industriechemiker“ lag ihm die Bereitstellung von Stoffdaten von chemischen Systemen — die Voraussetzung für eine erfolgreiche Verfahrensentwicklung — schon immer am Herzen. Hier setzte er sich seit jeher für eine enge Zusammenarbeit zwischen der chemischen Industrie und der Forschung ein. Als Vorsitzender des DDR-Nationalkomitees „CODATA“ suchte und förderte er ständig alle Möglichkeiten, den Austausch von Stoffdaten auf internationaler Ebene zu verbessern.

Als Koordinator der früheren Komplexaufgabe „Physikalische Chemie“ und der heutigen HFR 1 des Programmes Chemie hat Wolfgang Schirmer hervorragenden Anteil an der Entwicklung dieser Fachrichtung, auf deren Wechselwirkung mit anderen Disziplinen der Chemie, der Physik und Biologie sowie auf deren Ausrichtung auf die Erfordernisse unserer heutigen Gesellschaft.

Wolfgang Schirmer war mehrere Jahre Stellvertreter des Vorsitzenden des Forschungsrates der DDR. Seit 1979 ist er Vorsitzender der Gruppe Chemie/Chemische Technik des Forschungsrates und ist damit der Entwicklung von Wissenschaft und Technik in unserer Republik eng verbunden.

Vieles mehr wäre zu nennen, was Wolfgang Schirmer in seinem arbeitsreichen Leben geleistet und erreicht hat. Es kann aber nicht alles in einer Laudatio vorgetragen werden. Sollte ich einiges, was anderen als wichtig erscheinen mag, nicht erwähnt haben, so bitte ich zu bedenken, daß ich nur eine subjektive Auswahl vornehmen konnte.

Lieber Wolfgang Schirmer!

Ich möchte Dir bei dieser Gelegenheit Dank sagen für all' die Unterstützung und Hilfe, die Du mir und vielen anderen Fachkollegen in den vergangenen Jahrzehnten hast angedeihen lassen. Dein Rat war nicht nur in manchen schwierigen Situationen für mich Anregung und Rückhalt. Ich wünsche mir noch lange die Zusammenarbeit mit Dir zum Wohle unserer Republik und weiß mich in diesem Wunsche einig mit vielen anderen Fachkollegen.

Harry Pfeifer

# Molekulare Diffusion in Zeolithen

Meine sehr geehrten Damen und Herren, lieber Herr Kollege Schirmer!

Es ist nunmehr fünfzehn Jahre her, daß wir uns das erste Mal, und zwar auf dem XX. IUPAC-Kongreß in Moskau, trafen und daß Sie mir für unsere Sorptionsuntersuchungen die Zeolithe empfahlen. Dies war der Beginn einer für uns sehr wertvollen Zusammenarbeit zwischen Chemikern und Physikern, Akademie und Hochschulwesen, die zu zahlreichen gemeinsamen Veröffentlichungen, Vorträgen, Gemeinschaftsdissertationen unserer Mitarbeiter und vielen fruchtbaren Diskussionen geführt hat.

In diesem Kreis brauche ich wohl über Struktur, Eigenschaften und Bedeutung von Zeolithen nicht ausführlich zu sprechen, aber ich möchte doch meinem Vortrag einige wenige Tatsachen voranstellen: Zeolithe finden vor allem als Molekularsiebe, als Katalysatoren und als Ionenaustauscher industriell eine breite Anwendung. 70% der Weltproduktion an Paraffinen erfolgt auf der Basis selektiver Trennung durch Zeolithe und 80 bis 90% der Kohlenwasserstoff-Spaltanlagen verwenden Zeolithe als Katalysatoren. Die Einführung der Zeolithe in die Erdölverarbeitung hat zu einer 25% Steigerung der Benzinausbeute geführt. Neben dieser großen volkswirtschaftlichen Bedeutung ist es vor allem die definierte Kristallstruktur der Zeolithe, die sie für den Physiker besonders interessant macht. Zeolithe besitzen eine räumlich periodische Anordnung von Hohlräumen, die durch modifizierbare Fenster miteinander verbunden sind.

Aus Zeitgründen möchte ich mich in meinem Vortrag auf zwei Arten von Zeolithen beschränken, die im Hinblick auf die molekulare Diffusion als Grenzfälle zu betrachten sind: Die A-Zeolithe mit engen Fenstern und die X, Y-Zeolithe, bei denen die Hohlräume durch weite Fenster miteinander verbunden sind, so daß eine relativ offene Struktur vorliegt: Während die mittleren Hohlraumdurchmesser bei den NaA- und den NaX, Y-Zeolithen nahezu gleich sind (1,14 nm bzw. 1,16 nm), unterscheiden sich die mittleren Fensterdurchmesser beträchtlich (0,43 nm bzw. 0,87 nm). Diese Zeolithe sind als Kristallitpulver mit Kristalldurchmessern von 1 bis 100 μm verfügbar, d.h. ein Molekül passiert beim Durchwandern eines Kristallits etwa 1000 bis 100000 Hohlräume.

Zur Untersuchung der molekularen Diffusion verwenden wir die sog. Feldgradientenimpulstechnik, ein spezielles Verfahren der magnetischen Kernresonanzmethode, das von STEJSKAL [1] entwickelt und von uns erstmalig auf Sorptionssysteme angewendet wurde (vgl. [2]). Hierbei wird ein magnetischer Feldgradient der Größe $g_z$ in Form von zwei gleichen Impulsen (Breite $\delta$, Abstand $\Delta$) an die zu untersuchende Probe angelegt. Bezeichnet man die Koordinate in Richtung des Feldgradienten mit $z$, so ergibt sich für die gemessene Größe (Amplitude des Kernresonanzsignals)

$$M = \int_z p\,(z, \Delta) \cos K\,z\,dz. \tag{1}$$

Hierbei charakterisiert

$$K = \gamma\, g_z \delta \tag{2}$$

die Stärke des Feldgradientenimpulses. $\gamma$ bezeichnet das gyromagnetische Verhältnis der in Resonanz befindlichen Atomkerne (meist Protonen, für die $\gamma \approx 2{,}675 \times 10^8\ \mathrm{T}^{-1}\ \mathrm{s}^{-1}$ gilt) und $p\,(z, \Delta)$ den sog. Propagator der molekularen Diffusion, also die Wahrscheinlichkeitsdichte ein Molekül zur Zeit $\Delta$ an der Stelle $z$ zu finden, wenn es sich zur Zeit 0 an der Stelle 0 aufhielt. Für die räumlich unbegrenzte Diffusion gilt bekanntlich (Lösung der FICKschen Diffusionsgleichung)

$$p(z\,\Delta) = (4\pi\, D\Delta)^{-1/2} \exp\,(-z^2/4D\Delta), \tag{3}$$

wobei $D$ der Diffusionskoeffizient ist. Einsetzen von Gl. (3) in Gl. (1) liefert

$$M = \exp\,(-K^2 D\Delta), \tag{4}$$

so daß man entweder durch Variation von $K$ oder von $\Delta$ den Diffusionskoeffizienten $D$ bestimmen kann. Man beachte, daß hierbei eine materielle Markierung der Moleküle nicht erforderlich ist (die Moleküle werden durch die Phase der in Resonanz befindlichen Atomkerne markiert), weshalb mit diesem Verfahren Selbstdiffusionskoeffizienten unmittelbar meßbar sind. Aber auch solche Diffusionsprozesse, bei denen ein Selbstdiffusionskoeffizient nicht definierbar ist, lassen sich mit der Feldgradientenimpulstechnik quantitativ erfassen; denn die einfache Fouriertransformation von Gl. (1) ergibt für den gesuchten Propagator

$$p(z, \Delta) = (2\pi)^{-1} \int_K M \cos K\,z\,dK. \tag{5}$$

Die Grenzen der Methode werden durch die technisch noch realisierbare maximale Größe des Feldgradienten $g_z$ und die minimale Impulsbreite $\delta$ bestimmt. Bei unserem bisher verwendeten Spektrometer ergibt sich mit $g_{z\max} = 10\ \mathrm{T\,m}^{-1}$ und $\delta_{\min} = 0{,}2$ ms für die kleinste meßbare Diffusionszeit $\Delta_{\min} = 600\ \mu$s, für die kleinste meßbare Diffusionslänge $z_{\min} = 0{,}55\ \mu$m und für den kleinsten noch meßbaren Selbstdiffusionskoeffizienten

$$D_{\min} = 10^{-10}\, T_2^{-1} \quad \mathrm{m^2 s^{-1}}. \tag{6}$$

$T_2$ bezeichnet hierbei die sog. transversale Relaxationszeit, deren Zahlenwert in ms einzusetzen ist und die eine ähnliche Größe wie die Dielektrizitätskonstante darstellt. Größenordnungsmäßig kann man für Flüssigkeiten mit $T_2 \approx 1\,000$ ms, für adsorbierte Moleküle mit $T_2 \approx 10 \ldots 100$ ms und für Festkörper mit $T_2 \approx 0{,}01$ ms rechnen.

Zur Untersuchung der molekularen Diffusion in Zeolithen mit der Feldgradientenimpulstechnik müssen demnach Kristallite zur Verfügung stehen, deren Durchmesser groß gegen 0,55 µm ist. Dies war möglich durch eine enge freundschaftliche Zusammenarbeit mit Prof. SERGEJ PETROVICH ZHDANOV vom *Institut für Silikatchemie der AW der UdSSR*, in dessen Laboratorium die größten international bekannten Zeolithkristalle synthetisiert werden. In den folgenden Abbildungen sind charakteristische Beispiele für die von uns gemessenen intrakristallinen Selbstdiffusionskoeffizienten gezeigt. Die Größe $\Theta$ bezeichnet dabei den Porenausfüllungsgrad der Zeolithe, d.h. $\Theta = 1$ entspricht der Sättigung, also der größtmöglichen intrakristallinen Beladung.

Abb. 1 zeigt den Selbstdiffusionskoeffizienten von Methan und Ethan in einem Zeolith mit relativ kleinen Fenstern (70 Na CaA) bei Zimmertemperatur

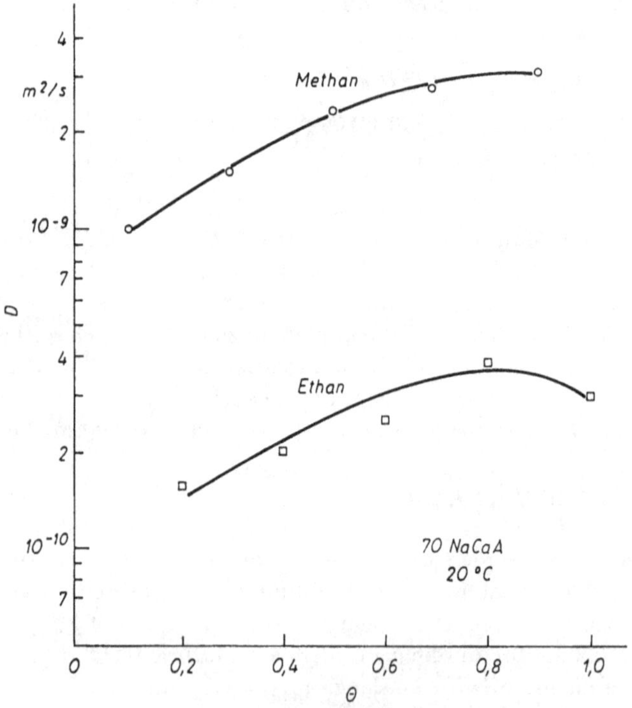


Abb. 1 Selbstdiffusionskoeffizient von Methan und Ethan in einem 70 NaCaA-Zeolith bei Zimmertemperatur als Funktion des Porenausfüllungsgrades

in Abhängigkeit vom Porenausfüllungsgrad. Man sieht, daß $D$ außer bei den höchsten Werten für $\Theta$ mit der Beladung anwächst.

Für X, Y-Zeolithe, d.h. bei Molsieben mit großen Fenstern, ergeben sich unterschiedliche Abhängigkeiten, je nachdem, ob es sich um Moleküle mit einer nichtspezifischen oder mit einer spezifischen Adsorptionswechselwirkung handelt. Typische Vertreter der ersten Art sind die Alkane. Hier nimmt der Selbstdiffusionskoeffizient sehr stark mit wachsender Beladung ab. Als Beispiel zeigt Abb. 2 den Selbstdiffusionskoeffizienten von n-Hexan bei Zimmertemperatur in einem NaX-Zeolith.

Demgegenüber bleibt bei Molekülen mit spezifischer Adsorptionswechselwirkung, wie z.B. trans- und cis-Buten-2, Cyclohexen und Benzen (vgl. Abb. 3) der Selbstdiffusionskoeffizient mit wachsender Beladung zunächst konstant und nimmt erst bei den höchsten Porenausfüllungsgraden ab.

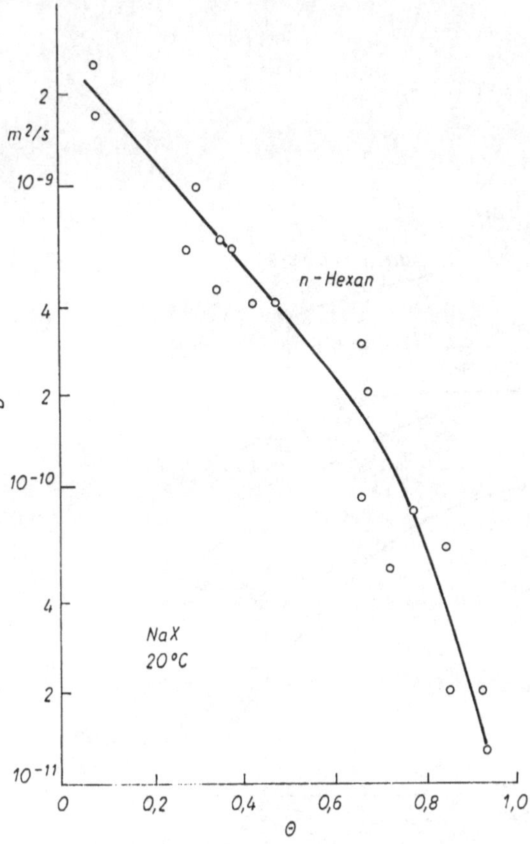


Abb. 2 Selbstdiffusionskoeffizient von n-Hexan in einem NaX-Zeolith bei Zimmertemperatur als Funktion des Porenausfüllungsgrades

Damit ergibt sich die Frage nach einer theoretisch fundierten Erklärung für diese unterschiedlichen Beladungsabhängigkeiten und vor allem auch nach der Größe der Absolutwerte der Selbstdiffusionskoeffizienten; denn es ist eine der bemerkenswertesten Leistungen der Feldgradientenimpulstechnik, nachgewiesen zu haben, daß die bisher mit Hilfe der klassischen Sorptionstechnik ermittelten und in die Literatur eingegangenen Werte für die intrakristallinen Selbstdiffusionskoeffizienten bis zu fünf Größenordnungen (!) falsch sind [3]. Beginnen wir mit den Ansätzen für kleine Beladungen, wo die intermolekularen Wechselwirkungen noch vernachlässigbar sind. Im ersten Grenzfall, d.h. bei kleinen Fensterdurchmessern, haben wir eines der wenigen Beispiele für molekulare Vorgänge, die mit der EYRINGschen Theorie nicht nur näherungsweise, sondern streng behandelbar sind [4].

Bezeichnen wir mit $a$ den Abstand zweier benachbarter Hohlräume, so gilt

$$D = a^2 (6\,\tau)^{-1} \tag{7}$$

mit

$$\tau = h\, Z_A\, (kT\, Z_{\neq})^{-1} \exp(E_0/kT), \tag{8}$$

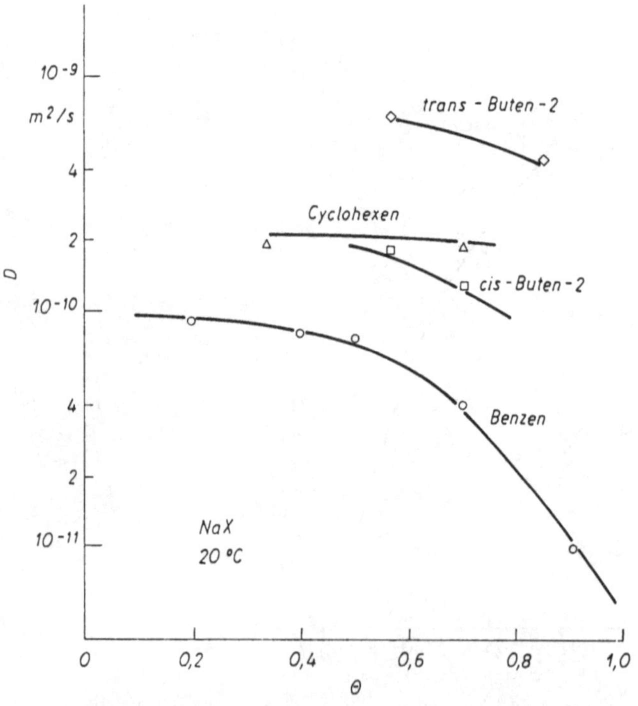


Abb. 3 Selbstdiffusionskoeffizient von trans- und cis-Buten-2, Cyclohexen und Benzen in einem NaX-Zeolith bei Zimmertemperatur als Funktion des Porenausfüllungsgrades

wobei $k$, $T$ und $h$ die üblichen Bedeutungen besitzen. $E_0$ ist die Aktivierungsenergie und $Z_A$ bzw. $Z_{\neq}$ bezeichnet die Zustandssumme des Moleküls im Grund-(Hohlraum) bzw. im aktivierten Zustand (Fenster). Da sich die Größe $Z_A$ durch einen Parameter der Adsorptionsisotherme (HENRY-Konstante) ersetzen läßt, bleibt als einzige Unbekannte im vorexponentiellen Faktor des Selbstdiffusionskoeffizienten, der aus der Kombination der beiden Gleichungen (7) und (8) folgt, die Zustandssumme des Moleküls im Fenster ($Z_{\neq}$). Für Methan im Na CaA-Zeolith ergibt sich Übereinstimmung zwischen Theorie und Experiment, wenn man die plausible Annahme einer freien Rotation des Moleküls macht. Bei Ethan dagegen gelingt dies nur, wenn die Rotation im aktivierten Zustand beschränkt (ca. 33°) wird, was auf Grund der andersartigen geometrischen Struktur verständlich ist.

Im zweiten Grenzfall, d.h. bei einer offenen Struktur, wie sie durch die großen Fenster bei den X,Y-Zeolithen realisiert wird, und für Moleküle mit nichtspezifischer Adsorptionswechselwirkung, ist die Diffusion durch die Bewegung in einem räumlich periodischen Potential zu beschreiben [5]. Aus dem Ansatz für das Potential

$$U = U_0 + V_0/2(1 - \cos 2\pi\, x/a) + V_0/2\,(1 - \cos 2\pi\, y/a) + V_0/2\,(1 - \cos 2\pi\, z/a) \qquad (9)$$

folgt für den Selbstdiffusionskoeffizienten

$$D = D_0 \exp(-V_0/kT) \qquad (10)$$

mit dem vorexponentiellen Faktor

$$D_0 = a\,(V_0)^{1/2}\,(2m)^{-1/2}, \qquad (11)$$

wobei $m$ die Molekülmasse bezeichnet.

Einen Vergleich zwischen den auf diese Weise erhaltenen theoretischen Werten und experimentellen Ergebnissen für einige niedere n-Alkane und Cyclohexan im NaX-Zeolith zeigt die folgende Tab. 1.

Tabelle 1 Vergleich zwischen experimentellen Werten und den nach Gl. (11) berechneten vorexponentiellen Faktoren für den Selbstdiffusionskoeffizienten im NaX-Zeolith bei kleinen Beladungen

| Sorbat | $V_{0exp}$ (kJ mol$^{-1}$) | $D_0 \times 10^7$ (m$^2$ s$^{-1}$) exp. | theor. |
|---|---|---|---|
| Methan (30 mg g$^{-1}$) | 6,7 ± 1,5 | 3,5 | 4,6 |
| Ethan (30 mg g$^{-1}$) | 9,8 ± 1,5 | 5 | 4 |
| n-Butan (12 mg g$^{-1}$) | 9,8 ± 1,5 | 1,9 | 2,9 |
| n-Hexan (15 mg g$^{-1}$) | 14,6 ± 2,5 | 6,3 | 2,9 |
| n-Heptan (32 mg g$^{-1}$) | 12,6 ± 2,5 | 1,6 | 2,5 |
| Cyclohexan (18 mg g$^{-1}$) | 15,5 ± 2,5 | 6,4 | 3 |

Zur Erklärung der Beladungsabhängigkeit des Selbstdiffusionskoeffizienten für diesen Fall haben wir die Theorie des freien Volumens von COHEN und TURNBULL erweitert und führen die drastische Abnahme der Diffusionsgeschwindigkeit mit wachsender Beladung auf eine Verringerung der mittleren Sprunglänge beim Diffusionsprozeß zurück [5]. Eine Prüfung dieser Vorstellung ist durch die direkte Messung der Sprunglänge unter Zuhilfenahme der kernmagnetischen Relaxation möglich. Die Ergebnisse sind in Tab. 2 dargestellt.

Tabelle 2 Vergleich zwischen den mittleren Sprunglängen, die sich aus der erweiterten Theorie des freien Volumens und aus Messungen der kernmagnetischen Relaxation für einige n-Alkane und Cyclohexan im NaX-Zeolith als Funktion der Beladung ergeben

| Sorbat | Beladung (mg g$^{-1}$) | $\sqrt{\langle l^2 \rangle}$ (nm) kernm. Relax. | mod. Theorie d. fr. Volumens |
|---|---|---|---|
| n-Butan | 38 | 0,63 | 0,89 |
| (−150°C) | 82 | 0,53 | 0,67 |
| | 132 | 0,45 | 0,53 |
| | 165 | 0,29 | 0,32 |
| | 185 | 0,19 | 0,21 |
| | 198 | 0,09 | 0,11 |
| n-Hexan | 107 | 0,38 | 0,45 |
| (−104°C) | 142 | 0,19 | 0,32 |
| | 198 | 0,08 | 0,08 |
| n-Heptan | 40 | 1,02 | 0,87 |
| (−90°C) | 82 | 0,80 | 0,71 |
| | 130 | 0,40 | 0,39 |
| | 200 | 0,11 | 0,1 |
| Cyclohexan | 18 | 1,13 | 0,92 |
| (−80°C) | 62 | 0,86 | 0,67 |
| | 97 | 0,55 | 0,50 |
| | 138 | 0,43 | 0,38 |
| | 196 | 0,24 | 0,18 |

Diese Untersuchungen sind Teil eines größeren Forschungskomplexes, an dem neben dem Jubilar vor allem folgende Kollegen wesentlichen Anteil haben: Dr. sc. J. KÄRGER, Dr. sc. M. BÜLOW, Dr. W. HEINK, Prof. Dr. R. HABERLANDT, Dr. J. CARO, Dipl.-Phys. P. LORENZ und Dipl-Phys. A. WALTER.

Damit konnten für die einfachsten Fälle molekularer Diffusion in Zeolithen die geschwindigkeitsbestimmenden Elementarprozesse erfaßt und quantitativ beschrieben werden.

## Literatur

[1] E. O. Stejskal, J. E. Tanner: J. Chem. Phys. **42** (1965), 288–292.

[2] H. Pfeifer: „*Nuclear Magnetic Resonance and Relaxation of Molecules Adsorbed on Solids*". NMR-Basic Principles and Progress, Vol. 7, Springer 1972.

[3] vgl. J. Kärger, H. Pfeifer: Wissenschaft und Fortschritt **29** (1979), 344–349 und dort zitierte Literatur.

[4] R. Haberlandt, J. Kärger, H. Pfeifer: J. Chem. Soc. Farad. I **76** (1980), 1569–1575.

[5] J. Kärger, H. Pfeifer, M. Rauscher, A. Walter: J. Chem. Soc. Farad. I **76** (1980), 717–737.

Rolf Schöllner

# Zum Transportverhalten diffundierender Moleküle in A-Zeolithen

In diesem Vortrag anläßlich des 60. Geburtstages von Akademiemitglied SCHIRMER möchte ich mich dem sorptiven Verhalten der 4A-Zeolithe zuwenden und Ihnen als Ergebnis unserer Forschungen einen neuen Molekularsiebeffekt vorstellen.

Der 5A-Zeolith bildete die Basis langjähriger umfassender physikalisch-chemischer Untersuchungen zum Adsorptionsverhalten insbesondere gesättigter Kohlenwasserstoffe unterschiedlicher Kettenlänge im Zentralinstitut für Physikalische Chemie der AdW der DDR unter Leitung von Herrn SCHIRMER. Die Ergebnisse dieser grundlegenden Arbeiten fanden hohe nationale und internationale Anerkennung und gleichzeitig praktische Anwendung im Parexverfahren bei der Ausnutzung des geometrischen Molekularsiebeffektes zur Abtrennung von n-Paraffinen aus komplexen Kohlenwasserstoffgemischen.

Synthetische Zeolithe des Typs A haben die Zusammensetzung $Na(AlO_2)^-(SiO_2) + x \cdot H_2O$. Anstelle der Na-Kationen können durch Ionenaustausch andere ein- oder zweiwertige Kationen treten, dabei werden stets $Me_{1/n}^{n(+)}$-Ionen die Ladungsneutralität sichern. Jeder große Hohlraum des Zeoliths A besitzt 12 Ionen (Abb. 1). 8 Kationen besetzen die Position 1 nahe den Zentren der Sechsersauerstoffringe (Eingänge zu den Sodalitheinheiten), 3 Kationen besetzen die Positionen 2 in der Ebene der Achtersauerstoffringe (Eingänge zu den großen Hohlräumen) und das letzte Na-Kation mit seiner hohen Beweglichkeit hält sich auf einen der 12 gleichberechtigten Positionen nahe der Vierersauerstoffringe auf. Damit sind alle Eingänge zu den Sodalitheinheiten und zu den großen Hohlräumen durch Na-Kationen blockiert. Die interessierende Porenöffnung des Achtersauerstoffringes ohne Berücksichtigung der blockierenden Na-Ionen beträgt 4,1—4,4 Å, die Restöffnung bei Anwesenheit des Na-Ions nur 3,4 Å [1, 2, 3]. Einwertige Kationen auf den Positionen 2 und 3 sind stärker beweglich als jene auf Position 1 und werden deshalb auch delokalisierte Kationen genannt.

Der Übergang vom 4A- zum 5A-Zeolith ist durch den Wegfall der blockierenden Na-Kationen auf Position 2 gekennzeichnet. Der Transportmechanismus von polaren diffundierenden Molekülen ist im 5A-Zeolith weitgehend aufgeklärt. Er vollzieht sich durch Sprünge von einem Adsorptionsplatz zum anderen von Hohlraum zu Hohlraum. Die Aktivierungsenergie zur Überwindung des Achtersauerstoffringes als Fensterbarriere ist von entscheidender Bedeutung für Moleküle mit einem kritischen Moleküldurchmesser ähnlich dem der effektiven Porenöffnung [4].

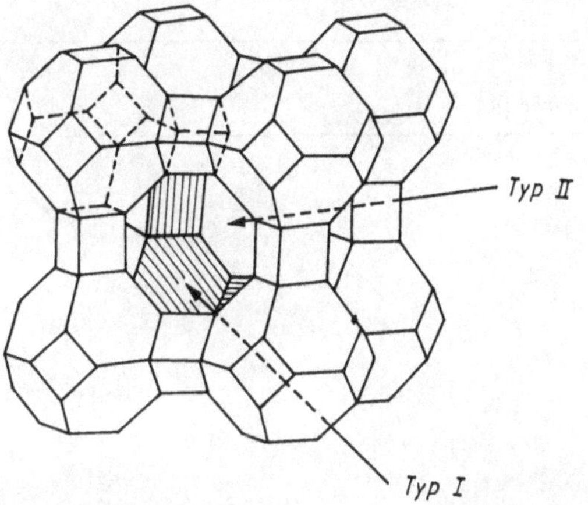


Abb.1 Schematische Darstellung der Struktur und der Kationenpositionen des Zeoliths 4A

In der Vergangenheit untersuchten wir das unterschiedliche Verhalten der Butenisomeren in 5A-Zeolithen in Abhängigkeit vom Austauschgrad an ein- und zweiwertigen Kationen [4, 5, 6]. Wir konnten dabei die Vorstellung von Tempere und Imelik [7] bestätigen, daß die elektrostatischen Felder vor den Poreneingängen einen zusätzlich hemmenden Effekt auf die Diffusionsgeschwindigkeit des cis-But-2-en ausüben können. Cis-But-2-en besitzt wie But-1-en ein Dipolmoment von ca. 0,3 Debey, aber dieses ist im Gegensatz zu But-1-en rechtwinklig zur Molekülachse angeordnet. Infolge der Orientierung des Dipolmomentes im elektrostatischen Feld vor den Poreneingängen und der damit verbundenen Querlage des cis-But-2-ens während der Sprungphase, bedarf es im Falle des cis-But-2-ens einer zusätzlichen Aktivierungsenergie zur Überwindung der Orientierungskräfte. Je höher das elektrostatische Feld vor den Poreneingängen, desto größer die Diffusionshemmungen für cis-But-2-en [8].

Bei diesen Untersuchungen stießen wir auf die überraschende Feststellung, daß trans-But-2-en in der Lage ist, auch in das Mikroporengefüge der 4A-Zeolithe trotz blockierter Poren einzudringen. Die bisherigen Vorstellungen über die Diffusion bzw. den Transportmechanismus von Molekülen mit kritischen Moleküldurchmessern größer als die unblockierte Porenöffnung würden eine Diffusion des trans-But-2-en in das Poreninnere nicht zulassen.

Wir untersuchten deshalb systematisch das Verhalten von Molekülen mit kritischen Durchmessern von 3,4—5,1 Å (siehe Tab. 1). Als Untersuchungsmethoden benutzten wir die irreversible gaschromatographische Impulsmethode [4, 9, 10], die Aufnahme von Durchbruchskurven (frontalgaschromatographische Methode), kinetische Messungen im dynamischen Regime mittels einer McBain-Waage und die $^{7}$Li-NMR-Breitlinienmethode [11, 12].

Tabelle 1 Moleküle mit einem kritischen Moleküldurchmesser zwischen 3,4 und 5,1 Å [3]

| Substanz | kritischer Moleküldurchmesser (Å) |
|---|---|
| Sauerstoff | 3,5 |
| Stickstoff | 3,7 |
| Methan | 4,08 |
| Ethen | 4,08 |
| Ethan | 4,36 |
| Propen | 4,95 |
| But-1-en | 4,95 |
| trans-But-2-en | 4,95 |
| Propan | 5,1 |
| n-Butan | 5,1 |
| Kohlenmonoxid | 3,4 |
| Kohlendioxid | 3,4 |

Die Methode der irreversiblen Adsorption von Substanzimpulsen erlaubt qualitative Aussagen über die Diffusionsgeschwindigkeit der an der äußeren Oberfläche der Zeolithkristalle adsorbierten Moleküle in das Poreninnere. Im Gegensatz zu den gewöhnlichen Impulsmethoden, wo der Substanzimpuls in endlicher Zeit die gaschromatographische Säule verläßt, wird unter den von uns gewählten experimentellen Bedingungen der irreversiblen Adsorption die aufgegebene Substanzmenge von der Oberfläche adsorbiert und verläßt auf Grund der starken spezifischen Wechselwirkungen mit der Oberfläche nicht die Säule. Sind die an der Oberfläche adsorbierten Moleküle in der Lage, in das Poreninnere zu diffundieren, wird ein mehr oder weniger großer Teil der Oberfläche frei für die Aufnahme von Molekülen aus dem nächsten Substanzimpuls. Je kleiner das Ausgangssignal im Verhältnis zum Eingangssignal, desto größer ist die Diffusionsgeschwindigkeit der adsorbierten Moleküle von der Oberfläche in das Poreninnere.

Wir konnten zeigen, daß der Austausch eines Na-Ions gegen ein beliebiges einwertiges Kation wie $Li^{+}$, $Cs^{+}$, $Rb^{+}$, $Ag^{+}$, $Tl^{+}$ oder $H^{+}$ in ein 4A-Zeolith in Abhängigkeit von der eingenommenen Position des neu eingetauschten Kations zu einer mehr oder weniger starken Verringerung der Diffusionsgeschwindigkeit des Sondenmoleküls trans-But-2-en führt (Tab. 2). Die veränderte Diffusionsgeschwindigkeit von trans-But-2-en ist abhängig von der Beweglichkeit der blockierenden Na-Ionen. Ein einziges K-, Rb- oder Cs-Kation auf Position 2 führt zu einer enormen Verringerung der Diffusionsgeschwindigkeit. Die beobachtete geringere Diffusionshemmung bei einem eingebauten Ag- oder Tl-Kation ist durch die von beiden bevorzugte Position 3 erklärbar.

Tabelle 2 Peakhöhen von 4A-Zeolithen nach 15 Impulsen

| Verbindung | Peakhöhe (cm) |
|---|---|
| Eingangssignal | 25,0 |
| $Na_{12}A$ | 0 |
| $Na_{11}K_1A$ | 22,1 |
| $Na_{10}K_2A$ | 23,0 |
| $Na_{11}Rb_1A$ | 23,0 |
| $Na_{11}Cs_1A$ | 22,0 |
| $Na_{11}Ag_1A$ | 17,5 |
| $Na_{11}Tl_1A$ | 14,5 |
| $Na_{11}Li_1A$ | 15,0 |

Experimentelle Bedingungen siehe Abb. 2

Es ist von hohem Interesse, daß die gleichen einwertigen Kationen selbstverständlich mit Ausnahme des Na-Ions in $NaMe^+LiA$-Zeolithen die Beweglichkeit der Li-Ionen hemmen, wie eindeutig mit der $^7Li$-NMR-Breitlinienmethode nachgewiesen werden konnte [13]. Die Eigenbewegung eines Na-Ions auf den 4 gleichberechtigten Positionen innerhalb eines Achtersauerstoffringes ist somit nicht von der Sprungbewegung der Kationen zwischen verschiedenen Plätzen der Position 2 zu trennen. Ein einziges K-Ion in Position 2 pro großen Hohlraum verändert die Bindungsverhältnisse der benachbarten Na-Ionen im Achtersauerstoffring und damit deren Beweglichkeit.

Die zweiwertigen Kationen $Sr^{2+}$, $Ca^{2+}$, $Mg^{2+}$ und $Zn^{2+}$ besetzen bei niedrigem Austauschgrad ausschließlich die Position 1. Sie beeinflussen aber entscheidend die Diffusionsgeschwindigkeit des trans-But-2-ens und damit die Bindungsverhältnisse der blockierenden Na-Ionen [14].

In der Auswertung aller unserer bisherig durchgeführten Untersuchungen kommen wir zur allgemeinen Schlußfolgerung, daß bei sonst gleichen experimentellen Bedingungen gilt: Je mehr vollständig adsorbierte Impulse in einer Impulsfolge auftreten, desto höher ist im überstrichenen Beladungsbereich die effektive Diffusionsgeschwindigkeit der diffundierenden Moleküle.

Aus Abb. 2 ist ablesbar, daß ein eingetauschtes Ca- oder Sr-Kation eine hemmende und ein eingetauschtes Zn- oder Mg-Ion einen fördernden Einfluß auf die Diffusionsgeschwindigkeit des trans-But-2-ens und damit auf die Beweglichkeit der blockierenden Na-Ionen ausübt. Diese Verallgemeinerung gilt nicht nur für trans-But-2-en, sie steht stellvertretend auch für die Olefine Ethen und Propen. Dabei ist auffällig, daß im Vergleich zum trans-But-2-en die hemmende bzw. fördernde Rolle von Ca- und Sr- einerseits und Zn- und Mg-

Ionen andererseits bei Propen verstärkt auftritt. Da die spezifische Wechselwirkung zwischen der olefinischen Doppelbindung und dem blockierenden Kation von entscheidender Bedeutung für die Diffusionsgeschwindigkeit ist, könnte die Art und die Lage der Doppelbindung und die Stärke des Dipolmoments für die unterschiedlich starke Beeinflussung der Diffusionsgeschwindigkeit von Molekülen gleichen kritischen Moleküldurchmessers verantwortlich sein. Besonders interessant ist der Fakt, daß But-1-en im Gegensatz zu trans-But-2-en und Propen nicht in der Lage ist, in das Poreninnere zu diffundieren. Weitere Untersuchungen sind notwendig.

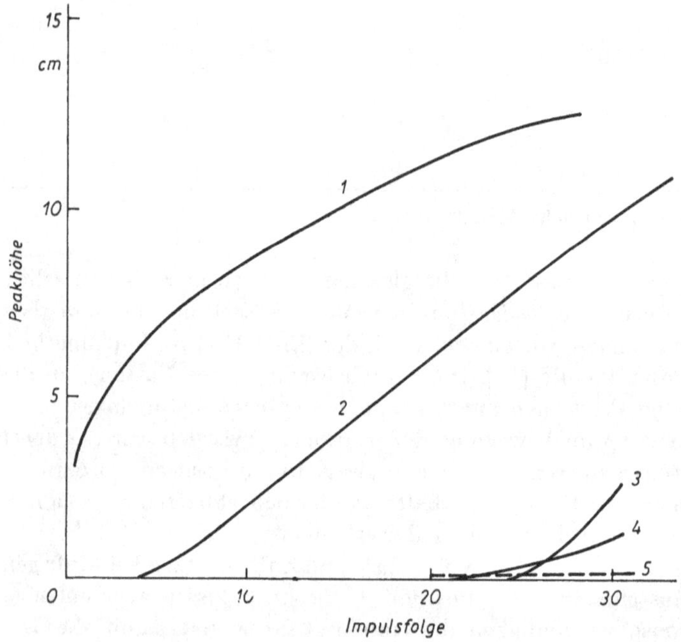


Abb. 2 Gemessene Peakhöhen der trans-But-2-en-Impulse an $NaMe_1^{2+}A$-Zeolithen in Abhängigkeit von der Impulsfolge

1-$Na_{10}Sr_1A$, 2-$Na_{10}Ca_1A$, 3-$Na_{12}A$, 4-$Na_{10}Zn_1A$, 5-$Na_{10}Mg_1A$

Experimentelle Bedingungen der irreversiblen Impulsmethode: Durchmesser der Säule 0,4 cm, Länge der Säulenfüllung 14—15 cm, Temperatur 293 K, Strömungsgeschwindigkeit des Trägergases $H_2$ 70 ml/min, 50 ml/min in Abb. 2, Vordruck $5{,}0 \cdot 10^4$ Pa, Korngröße der Zeolithpellets 0,2—0,25 mm, Impulsabstand 60 s, Dosiervol. 0,75 $cm^3$, Preßdruck zur Herstellung der Pellets ohne Bindemittel $8{,}1 \cdot 10^7$ Pa, Aktivierung 12 h im trockenen $N_2$-Strom bei 680 K

Aus den Ergebnissen über die Diffusionsgeschwindigkeit von niederen Olefinen in 5A- und X-Zeolithen folgt, daß die Diffusionsgeschwindigkeit von Ethen, Propen und der Butenisomeren von der Stärke der zugänglichen Adsorptionszentren abhängig ist [15]. Je stärker die Wechselwirkung des Olefins mit kationischen Adsorptionszentren, desto geringer ist die Diffusionsgeschwindigkeit der diffundierenden Moleküle. Diese Aussage hat überraschenderweise für die Diffusion der gleichen Olefine in 4A-Zeolithen keine Gültigkeit. Wir untersuchten den Einfluß von Ag-Ionen auf Position 1 in 4A-Zeolithen auf die Diffusionsgeschwindigkeit der niederen Olefine. Dabei gingen wir von der Tatsache aus, daß Ag-Ionen starke Wechselwirkungen mit trans-But-2-en eingehen und der gebildete Adsorptionskomplex vergleichbar ist mit dem in der flüssigen Phase [16, 17].

In Tab. 3 ist die Abhängigkeit der Anzahl der vollständig adsorbierten Substanzimpulse und damit der Diffusionsgeschwindigkeit vom Ag-Austauschgrad in den NaAgA-Zeolithen dargestellt. Das erste Ag-Ion besetzt Position 3, alle anderen später eingetauschten Ag-Ionen besetzten im dehydratisierten Zustand Position 1. Mit zunehmenden Ag-Gehalt auf Position 1 erhöht sich die Diffusionsgeschwindigkeit des trans-But-2-ens.

Tabelle 3 Durchbruchsdaten von trans-But-2-en an NaAgA-Zeolithen

| Zeolith | Anz. der adsorb. Impulse/g Zeolith | Beladung mit tr. But-2-en (ml/g) | (Molek./Hohlraum) |
|---|---|---|---|
| Na(100)A | 12 | 9,0 | 0,7 |
| Na(91,8)Ag(8,2)A | 0 | — | — |
| Na(83,6)Ag(16,4)A | 18 | 13,5 | 1,1 |
| Na(80)Ag(20)A | 53 | 33,8 | 3,4 |
| Na(75)Ag(25)A | 54 | 40,5 | 3,5 |
| Na(66)Ag(34)A | 54 | 40,5 | 3,7 |

Experimentelle Bedingungen siehe Abb. 2

Den Einfluß der Ag-Ionen auf die Diffusionsgeschwindigkeit des trans-But-2-ens untersuchten wir gleichfalls an den $NaCa_1AgA$-Zeolithen. Aus eigenen Untersuchungen war uns bekannt, daß das Ca-Ion die eingetauschten Ag-Ionen während der Dehydratisierung auf Position 1 dirigiert und damit alle blockierenden Kationen in Position 2 Na-Ionen bleiben. Gleichzeitig wird durch die unbesetzte Position 3 die Auswertung klarer (Tab. 4). Das erste eingetauschte Ag-Ion hebt bereits den hemmenden Einfluß des Ca-Kations auf und mit zunehmenden Ag-Austauschgrad erfolgt die Erhöhung der Diffusionsgeschwindigkeit.

Parallel durchgeführte kinetische Messungen bestätigten die qualitativen Ergebnisse der irreversiblen Impulsmethode [18], (Tab. 5).

Die Ergebnisse zeigen eindeutig, daß bei Komplexbildung des trans-But-2-ens mit Ag-Ionen trotz der damit verbundenen erhöhten Verweilzeit der diffundierenden Moleküle die gemessene Diffusionsgeschwindigkeit des trans-But-2-ens mit steigendem Ag-Gehalt ansteigt. Auch in diesen Beispielen steht trans-But-2-en stellvertretend für Propen und Ethen.

Tabelle 4 Durchbruchsdaten von trans-But-2-en an $NaCa_1AgA$-Zeolithen

| Zeolith | Anz. der adsorb. Impulse/g Zeolith | Beladung mit tr.-But-2-en (ml/g) | (Molek./Hohlraum) |
|---|---|---|---|
| NaCa(17,6)A | 3 | | |
| NaCa(17,6)Ag(8,5)A | 22 | 16,5 | 1,3 |
| NaCa(17,6)Ag(10)A | 37 | 27,8 | 2,3 |
| NaCa(17,6)Ag(12)A | 44 | 33,0 | 3,0 |
| NaCa(17,6)Ag(16,5)A | 51 | 38,3 | 3,3 |
| NaCa(17,6)Ag(25)A | 57 | 42,8 | 3,8 |

Experimentelle Bedingungen siehe Abb. 2

Tabelle 5 Kinetische Daten der Diffusion von trans-But-2-en in 4 A-Zeolithen

| Zeolith | $E_A$ (KJ/mol) | $D_+ \cdot 10^7$ (cm²/s) | $D_e \cdot 10^{14}$ (cm²/s) (273 K) |
|---|---|---|---|
| $Na_{12}A$ | 40,0 | 7,5 | 5,6 |
| NaMg(17,4)A | 37,0 | 5,4 | 13,6 |
| NaCa(17,1)A | 45,8 | 44,8 | 3,2 |
| NaSr(17,0)A | 51,1 | 196,6 | 1,5 |
| NaAg(20)A | 52,0 | 5890,2 | 32,0 |
| NaCa(17,6)Ag(8,5)A | 55,4 | 9468,0 | 12,8 |

$E_A$ = Aktivierungsenergie, $D_+$ = präexponentieller Faktor in der Gleichung $D = D_+ \exp(-E_A/RT)$, $D_e$ = effektiver Diffusionskoeffizient. Experimentelle Bedingungen (kinetische Messungen im dynamischen Regime mittels einer McBain-Waage):
Strömungsgeschwindigkeit des Trägergases ($N_2$) 10 l/h
Strömungsgeschwindigkeit des trans-But-2-en 0,5 l/h
Temperaturdifferenz ±0,5 K, zeolithische Kristalle $r_0 = 1{,}16 \cdot 10^{-4}$ cm, Einwaage 30–35 mg, wasserfreier Zeolith, Höhe der Zeolithschicht 0,08 cm [18]

In Auswertung der experimentellen Werte schlagen wir folgenden Transportmechanismus der Olefinmoleküle in 4 A-Zeolithen vor:

$$Ol + Na^+(2) \rightleftharpoons Ol/Na^+(2) \xrightarrow{k_1 \text{(Umlagerungsreaktion)}} Na^+(2)/Ol$$

$$Na^+(2)/Ol + Ag^+(1) \rightleftharpoons Na^+(2) + Ag^+(1)/Ol$$

$$Na^+(2)/Ol + Na^+(1) \rightleftharpoons Na^+(2) + Na^+(1)/Ol$$

$Na^+(2)$ = blockierendes Na-Ion auf Position 2
$Ol$ = diffundierendes Olefinmolekül
$Na^+(2)/Ol$ = absorbiertes Olefin am blockierenden Na-Kation
$Ag^+(1)$, $Na^+(1)$ = Ag- bzw. Na-Ion auf Position 1
$k_1$ = Geschwindigkeit der Umlagerungsreaktion

Die Diffusion realisiert sich wie in anderen Fällen ebenfalls durch Sprünge der adsorbierten Moleküle zwischen kationischen Adsorptionszentren. Die Kationen mit höchster Beweglichkeit sind die bevorzugtesten Stellen der Adsorption. Dies sind bei 4A-Zeolithen die blockierenden Na-Kationen. Die diffundierenden niederen Olefine erreichen die blockierenden Kationen und bilden kurzzeitig Anlagerungskomplexe. Eine reversible Umlagerungsreaktion bringt das adsorbierte Olefinmolekül in die zweite mögliche Position im Komplex $Na^{+}(2)/Ol$. Im ersten Falle liegt das Olefin am $Na^{+}(2)$ noch im ursprünglichen Hohlraum und im zweiten Falle bereits im benachbarten Hohlraum und hat somit die Barriere des blockierten Fensters überwunden. Diese Umlagerungsreaktion ist sicherlich der langsamste Schritt im Verlauf der Diffusion in 4A-Zeolithen. Sind Kationen mit starken Wechselwirkungskräften im großen Hohlraum auf Position 1 anwesend, wie z.B. Ag-Ionen, bevorzugen die Olefinmoleküle diese Positionen. Die Verweilzeit am Ag(1)-Ion ist wesentlich größer als am Na(2)-Ion. Die ständige Ablösung des am Na(2)-Ions adsorbierten Olefins zugunsten der $Ag^{+}(1)/Ol$-Bildung führt zur Erhöhung der Diffusionsgeschwindigkeit infolge ständiger einseitiger Störung der reversiblen Umlagerungsreaktion unter den Bedingungen der Beladung und des wirkenden Konzentrationsgradienten.

Folgende Schlußfolgerungen können gezogen werden:

1. Je beweglicher das blockierende Kation, desto bevorzugter wird es als Adsorptionsplatz für Moleküle mit spezifischen Wechselwirkungen.

2. Je stärker die spezifischen Wechselwirkungen der diffundierenden Olefine mit den blockierenden Kationen, desto höher die Verweilzeit, desto wahrscheinlicher die Umlagerung während einer Haftperiode.

3. Je stärker die Adsorptionszentren im großen Hohlraum im Vergleich zu den blockierenden Kationen, desto rascher die Ablösung der adsorbierten Moleküle vom blockierenden Kation, desto höher die Verweilzeit der im großen Hohlraum sich aufhaltenden Olefinmoleküle an Adsorptionszentren unabhängig von blockierenden Na-Ionen.

Dieser Transportmechanismus stellt die Grundlage eines neuen Molekularsiebeffektes dar. Nur jene Moleküle, deren kritischer Moleküldurchmesser ähnlich dem der unblockierten Porenöffnung ist, können die Blockierung überwinden, wenn sie genügend starke Wechselwirkungskräfte mit den betreffenden blockierenden Kationen aufbringen und die Umlagerungsreaktion nicht aus geometrischen Gründen (zu lange Molekülachse) wie beim But-1-en unmöglich wird.

Am technisch interessanten Beispiel der Propen/Propan-Trennung möchte ich dieses neue Wirkprinzip demonstrieren. Bei dem experimentellen Ablauf eines Adsorptions-Desorptions-Zyklus kann man in der Phase der Aufnahme der Durchbruchskurve unabhängig von der Zusammensetzung des Ausgangsgemisches Propan/Propen bis zum Durchbruch des Propens reines Propan gewinnen (Abb. 3). Im anschließend gewonnenen Desorbat wird Propen mit einer Reinheit von besser als 99,5% erhalten [26].

Vergleicht man den aus solchen experimentellen Werten errechenbaren formalen Trennfaktor $\alpha$ mit den bisher bekannten Literaturdaten, so sieht man die eindeutige Überlegenheit des zur Anwendung kommenden Wirkprinzips (Tab. 6). Die Propan/Propen-Trennung ist ein Beispiel von vielen möglichen.

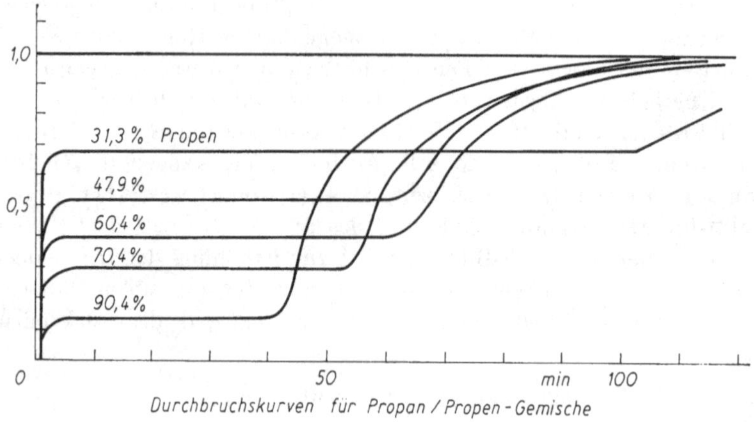


Abb. 3 Durchbruchskurven für Propan/Propen-Gemische
Experimentelle Bedingungen:
Adsorberdurchmesser 0,8 cm, Zeolithfüllung ca. 13 g (wasserfrei), Korngröße 0,45–0,72 mm, Strömungsgeschwindigkeit 10 l/h, Adsorptivanteil 10 Vol%, Temperatur 323 K

Das vorliegende Wirkprinzip gestattet die Trennung von Komponenten, die sich auf Grund ihrer möglichen Wechselwirkungskräfte mit den blockierenden Kationen unterscheiden. Propen als Elektronenüberschußmolekül kann mit dem blockierenden Kation als Elektronenmangelzentrum im Sinne von KISELEV [19] starke spezifische Wechselwirkungen aufbauen, während Propan mit den O-Atomen des Zeolithgitters nur unspezifische Wechselwirkungen realisieren kann. Für Propan stellt die Blockierung der Porenöffnungen mit Na-Kationen ein schwer überwindbares Hindernis dar. Die nötige kinetische Energie kann im Falle der Diffusion bei Temperaturen zwischen 273 und 325 K vom Propan nicht aufgebracht werden.

Es liegt eine reversible reaktive Trennung von Komponenten über Chemisorptionskomplexe vor. In das Hohlraumgefüge des Zeoliths 4A können nur solche Moleküle diffundieren, die in der Lage sind, mit den blockierenden Kationen Chemisorptionskomplexe zu bilden und gleichzeitig der Umlagerungsreaktion zugänglich sind. Solche Moleküle sind Ethen, Propen, trans-But-2-en, Ethin, $NH_3$, $PH_3$, $AsH_3$, $CO_2$ u.a.

Folgende Variationen gestatten eine hohe Anpassung und Flexibilität des Zeoliths für das zu lösende adsorptive Trennproblem:

Tabelle 6 Trennfaktoren der adsorptiven Propan/Propen-Trennung

| Adsorbens | Trennfaktor x | Literatur |
|---|---|---|
| Aktivkohle (C-Molsieb) + Pt | 19 | [20] |
| Aktivkohle mit def. Porenvert. | 12 | [21] |
| poröses Glas + $Ni(NH_3)_4^{++}$ oder $CoCl_2$ | 3,3 | [22] |
| Montmorillonit + $NH_4^+$ | 3,0 | [23] |
| 5A-Zeolith verformt | 17 | [24] |
| NaCa(51)A | 31 | [25] |
| CaAg(15)A | 89 | [25] |
| CaAg(5)A | 51 | [25] |
| NaMg(20)A (eigene Untersuchungen) | ca. 300 | [26] |

1. Veränderung der Beweglichkeit der blockierenden Kationen durch gezielten Ionenaustausch.
2. Veränderung der Art der blockierenden einwertigen Kationen.
3. Veränderung der Stärke der Adsorptionsplätze im großen Hohlraum.

Alle drei Größen beeinflussen die geschwindigkeitsbestimmende Umlagerungsreaktion und damit die effektive Diffusionsgeschwindigkeit von der Oberfläche in das Poreninnere des Zeoliths.

Für die Mitarbeit sei Dr. Nötzel, Dr. Herden, Dr. Broddack, DC Müller und DC Kuhlmann gedankt.

## Literatur


[1] Breck, D. W., „*Zeolite Molecular Sieve*", John, Wiley and Sons, New York, London, Sydney, Toronto 1974.

[2] *Smith, J. V.*, „*Origin and Structures of Zeolites*", ACS monogr. 1976, 171.

[3] Ruthven, D. M., Chicago ACS Symp. Ser. **40**, 320 (1977).

[4] Läbisch, L., R. Schöllner, D. Michel, V. Rössiger u. H. Pfeifer, Z. phys. Chemie, Leipzig **255**, 581 (1974).

[5] Herden, H., R. Broddack u. R. Schöllner, Z. phys. Chemie, Leipzig **260**, 1177 (1979).

[6] Schöllner, R., W. Jacob u. H.-G. Malz, Z. phys. Chemie, Leipzig **260**, 725 (1979).

[7] Tempere, J. F. u. B. Imelik, Bull. Soc. Chim. France **12**, 4227 (1970).

[8] Schöllner, R., P. Nötzel, H. Herden u. U. Lindig, Z. phys. Chemie, Leipzig (in Vorbereitung).

[9] Hopfe, V. u. G. Marx, Z. Chem. **12**, 370 (1977).

[10] Schöllner, R., Wiss. Z. Karl-Marx-Univ. Leipzig, Math.-Naturwiss. R. **26**, 369 (1977).

[11] Freude, D., H.-J. Herden, H. Pfeifer, H. Schmiedel u. R. Schöllner, Z. phys. Chemie, Leipzig **259**, 444 (1978).

[12] Schöllner, R. u. H. Herden, Chicago ACS Symp. Ser. **40**, 357 (1977).

[13] Schöllner, R., P. Nötzel, H. Herden u. G. Körner, Acta Phys. Chem. (Nova Series) **24**, 293 (1978).

[14] SCHÖLLNER, R., R. BRODDACK, P. KUHLMANN, P. NÖTZEL u. H. HERDEN, Z. phys. Chemie, Leipzig **262**, 17 (1981).
[15] PILCHOWSKI, K. u. F. WOLF, Reprints of the Workshop „Adsorption of Hydrocarbons in Zeolites", Vol 2, S. 161, ZIPC, AdW DDR 1979.
[16] MICHEL, D., W. MEILER u. E. ANGELE, Z. phys. Chemie, Leipzig **255**, 389 (1974).
[17] MICHEL, D., W. MEILER u. D. HOPPACH, Z. phys. Chemie, Leipzig **255**, 509 (1974).
[18] SCHÖLLNER, R., P. NÖTZEL, B. KUHLMANN u. R. BRODDACK, „*Proceedings of the V. International Conference on Zeolites*", Naples 1980, S. 545.
[19] KISELEV, A. V., Disc. Faraday, Soc. **40**, 205 (1966).
[20] Brit. Pat. 137590, 29. 6. 1972/27. 11. 1976.
[21] Brit. Pat., Offenlegungsschrift 26284111, 12. 1. 1976/24. 6. 1976.
[22] WOLF, F., W. HEYER, F. JANOWSKI u. E. FINGER, Z. Chem. **17**, 423 (1977).
[23] DDR-Pat. 123189, 4. 2. 1976/5. 12. 1976.
[24] GAINKO, N. K. u. A. Z. DOROGOCINSKIJ, Tr. Grozn. Neft. Inst. **33**, 118 (1971).
[25] GROSSMANN, A. u. W. SCHIRMER, Chem. Techn. **20**, 34 (1968).
[26] SCHÖLLNER, R., P. NÖTZEL u. U. MÜLLER, DDR-WP C 07 C/221128.

Peter Adolf Thiessen

# Haften und Ausbreiten von Schmelzen auf Festkörperoberflächen

Lieber Wolfgang Schirmer,
meine hochverehrten Damen, meine Herren!

Erlauben Sie mir, daß ich Ergebnisse von Arbeiten zwischen Forschung und Technik vorlege, gewonnen von einer kleinen Gruppe von Mitarbeitern aus dem Zentralinstitut für physikalische Chemie der Akademie der Wissenschaften der DDR, und zwar von Helga Altnau, Norbert Bock, Dorothea Florek, Georg Haase, Werner Siegling und von mir.

Das Thema befremdet Sie vielleicht; tatsächlich steht es in einem dialektischen Zusammenhang zum Hauptthema, das heute behandelt wird.

Eine integrale Übersicht ist in Abb. 1 dargestellt. Was Sie hier sehen, ist nicht ein Kunstwerk etwa aus dem „Museum of Modern Arts", sondern eine orchestrale Darstellung einer Vielfalt der Beziehungen zwischen Schmelzen und Festkörpern. Das Original ist ein Stück Basalt von dem „Kegel von Stolpen"; an dieses ist ein Stab aus Bronze aufgelötet, mit Aluminium als Lot und unter einer Schmelze von kristallinem Kryolith aus Grönland, alles zusammen einfach unter dem Gebläsebrenner in Luft verarbeitet. Das Bild zeigt — als ein Notenschlüssel — sehr vielfältige Beziehungen, wie sie etwa zwischen Kunsthandwerk und Produktionsmethode möglich sind.

Es ist nicht einfach, die Einzelheiten molekular-mechanisch an einem solchen Modell darzustellen. Grundsätzlich ist die Analyse vollständig möglich — mit aufwendigem theoretischen Rüstzeug. Sinnvoll ist eine vorausgehende Desintegration, d.h. Zerlegung in charakteristische Teilvorgänge. Als Beispiel könnte das Wachstum eines Keimes beim Abkühlen der Schmelze einer metallischen Mischphase mit mehreren Komponenten gelten.

Die Erfahrung lehrt, daß trotz sorgfältiger Durchmischung einer Schmelze auch bei vollständiger Mischbarkeit die Bestandteile nach dem Erstarren unregelmäßig verteilt sind. Nach den Vorstellungen von M. Volmer, W. Kossel und I. Stranski ist das nicht ohne weiteres zu verstehen. Nach diesen Mechanismen sollte der Aufbau neuer Schichten etwa wie beim Domino-Spiel erfolgen. In Wirklichkeit verlaufen die Vorgänge nach einer verwickelten Statistik in der molekularen Mechanik. Sie ist vollständig zu verstehen nach Regeln der Stochastik.

Abb. 1 Basalt, Stolpen, angelöteter Bronzestab, Aluminiumlot, Schutzschmelze: Grönland-Kryolith, unter dem Gebläsebrenner in Luft

Es ist noch nie gelungen, aus einer Mischschmelze sofort eine homogene feste Phase ohne Seigerung zu bekommen. Auch durch nachträgliche Bearbeitung ist eine Gleichverteilung nur sehr schwer zu erreichen.

Statistisch gleichförmige homogene Mischphasen lassen sich auf einigen Umwegen über chemische Prozesse erreichen. Erfahrungen liegen vor. Darüber wird zu gegebener Zeit berichtet werden.

Übersichtlich und einfacher lassen sich Vorgänge behandeln, bei denen eine metallische Schmelze auf der Oberfläche eines Metalls erstarrt. Dabei kann die Schmelze flüssig auf die feste Oberfläche gebracht, oder erst auf dieser geschmolzen werden. Das ganze ist im Grunde eine Lötung. Diese ist in ihrer Problematik nicht annähernd so schlicht, wie sie äußerlich erscheint.

Gegenwärtig werden im Jahr etwa $10^{12}$ Verbindungen zwischen Metallen durch Lötung vollzogen. Dabei sind Flächenlötungen im ganzen wenig problematisch. Die Aufgabe sauberer und zuverlässiger, präziser mikroskopischer und submikroskopischer Punktlötungen unterliegt besonders strengen Bedingungen und muß sehr ernst genommen werden.

Wir sind vor etwa zwei Jahren darauf gekommen, als wir informiert wurden über eine Reihe von zunehmenden Schwierigkeiten über Feinstlötungen in der Mikroelektromechanik und in der Mikroelektronik. Es hat sich gezeigt, daß etwa unter den Bedingungen des Permafrostes und auch im Interkosmosprogramm — von Problemen der Verteidigung gar nicht zu reden — sehr oft Schwierigkeiten durch unzuverlässige Lötungen entstehen, die man nicht ständig überwachen kann. Es ist notwendig, sich dieser Probleme differentiell und integral anzunehmen. Einige Beispiele seien hier angeboten.

Wir haben als Unterlage ein Nickelblech ausgewählt und bringen auf dieses Schmelzen von Komponenten, die entweder mit der Unterlage Mischkristalle bilden, oder die weder im festen noch im flüssigen Zustand miteinander mischbar sind. Besonders übersichtlich ist das Aufbringen der Schmelzen von Silber und Kupfer auf einer Nickeloberfläche.

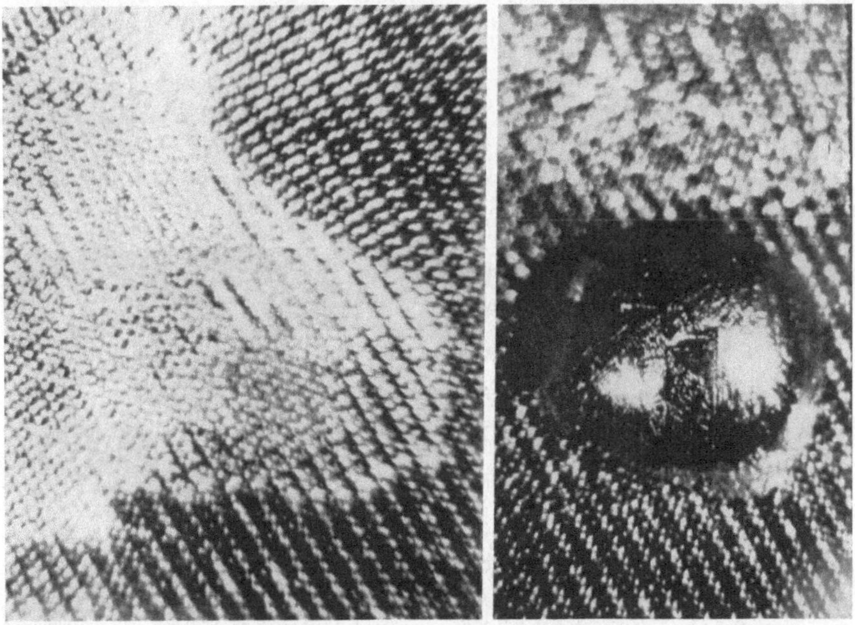

Abb. 2 rechts: Kupfer auf Nickelnetz, Chemisorption, REHBINDER-Effekt erweitert, $H_2$/Ar Atmosphäre, 1083 °C
links: Silber auf Nickelnetz, Physikosorption, REHBINDER-Effekt speziell, $H_2$/Ar Atmosphäre, 961 °C

In Abb. 2 ist auf der einen Seite das Haften und die Ausbreitung einer Schmelze von Silber, auf der anderen von Kupfer auf einem sehr dünnen, feinstmaschigen Nickel-Drahtnetz dargestellt. Im Dezember 1978 wurde dieser Vorgang bei der *Gedenk-Sitzung der Akademie der Wissenschaften der UdSSR* in Moskau für PETER ALEXANDROWITSCH REHBINDER vorgeführt. Die Ausbreitung der Silberschmelze auf der Nickel-Unterlage entspricht genau dem klassischen REHBINDER-Effekt. Unter diesen Bedingungen werden die Beziehungen zwischen Schmelze und Unterlage ausschließlich durch Physikosorption, hier durch die Oberflächenspannung, bestimmt. Auf der anderen Seite hat sich eine Schmelze von Kupfer zur Kugel zusammengezogen, ohne sich auszubreiten. Die Ursache ist nach dem klassischen REHBINDER-Effekt nicht ohne weiteres einzusehen. Es ist notwendig, in die Theorie des REHBINDER-Mechanismus zusätzlich die Chemisorption einzuführen. Wenn die Wechselbeziehung, die Bildungsenthalpie der Mischphase zwischen Kupfer und Nickel, größer ist als die Oberflächenspannung, dann haftet sie und breitet sich erst nach längerer Zeit aus, wenn die Komponenten unter Bildung einer Mischphase ineinander diffundieren*. Damit sind die Zusammenhänge grundsätzlich vollständig beschrieben. Die Versuche sind unter strenger chemischer Asepsis durchgeführt, d.h. zunächst unter reinem Wasserstoff, schließlich unter reinem Argon.

Unter besonderen Bedingungen läßt sich die Ausbreitung der Schmelze eines vorbereiteten Dreistoff-Regulus auf einer Oberfläche verfolgen. Ein im voraus geschmolzener und erstarrter Brocken einer Mischung von Silber, Kupfer und Gold wurde im chemisch aseptischen Raum auf einer Nickeloberfläche geschmolzen. Zwischen Silber und Nickel gibt es keine Mischbarkeit; zwischen

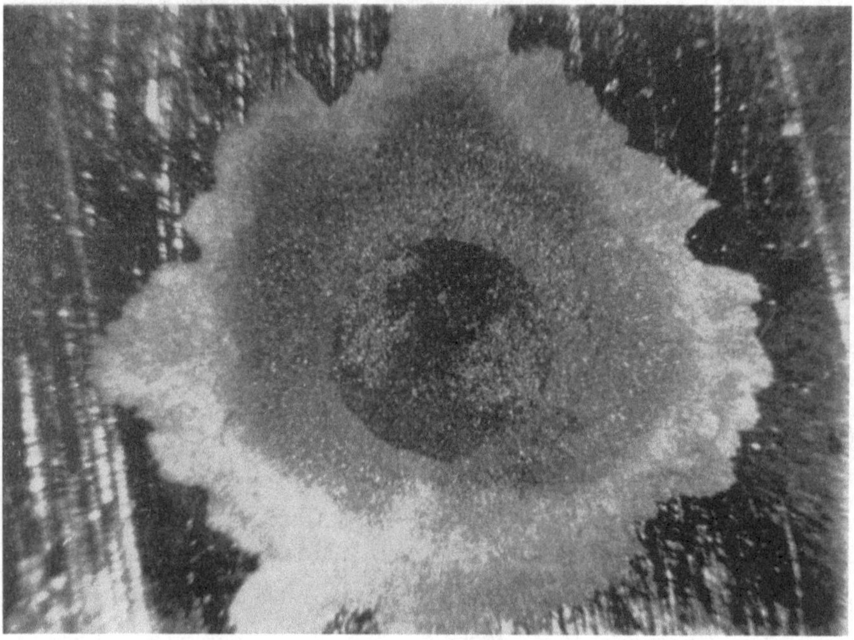

Abb. 3 Eutektikum Ag, Cu, Au auf Nickeloberfläche, $H_2$/Ar Atmosphäre, dicke Schicht, Verfärbungen, „Kokarde“

* Vgl. W. SIEGLING: „Haften und Ausbreitung metallischer Schmelze auf metallischer Unterlage“. Vortrag auf dem Festkolloquium anläßlich des 80. Geburtstages von Prof. Dr. P. A. THIESSEN am 8. 6. 1979.

Kupfer und Nickel besteht ein geschlossenes System von Mischkristallen; zwischen Gold und Nickel bestehen Mischkristalle mit einer Mischungslücke.

Der angeschmolzene Regulus der Mischphase von Ag, Cu, Au — Abb. 3 — ist umgeben von einer Schmelze in mehrfarbiger Schichtung. Bei gleichbleibender Zusammensetzung der Schmelze auf der Oberfläche** läßt die Verfärbung erkennen, daß von der Unterlage her eine rege molekulare Peristaltik abläuft. Wird die Menge des Eutektikums so weit verringert, daß die Schmelze sich in sehr dünner Schicht vollständig ausbreitet, so tritt ein Farbwechsel von bronzerot zu silberfarben mit Gelbtönung ein. Die Ursache ist die Bildung einer Mischphase Nickel-Kupfer.

Die mikroskopische Abbildung der Oberfläche zeigt eine Dekoration aller Korngrenzen und von Defekten der Kristallite. Der Farbwechsel und das Mikrobild gemeinsam beweisen das Zusammenwirken einer Physikosorption mit Chemisorption beim Haften sowie der Ausbreitung und Verankerung einer eutektischen Schmelze auf der Nickel-Unterlage. Abb. 4. Tatsächlich ist eine adhäsive Zerlegung einer Schmelze eingetreten, analog einer Chromatographie.

Diese Beobachtung veranlaßte eine Reihe weiterer Untersuchungen der Ausbreitung von Schmelzen verschiedener Art in verschiedenen Kombinationen

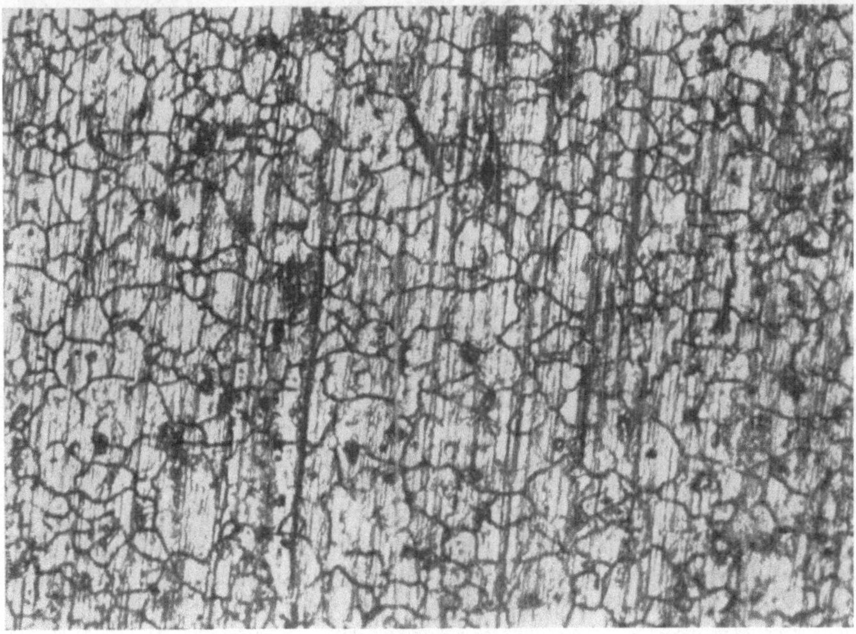

Abb. 4 Verteilung der Schmelzen zwischen Korngrenzen und Defekten, Eutektikum Cu, Ag, Au

** Die Untersuchungen mit der Elektronensonde wurden von den Herren Dr. Morawetz und Ries, VEB Werk für Fernsehelektronik Berlin, durchgeführt.

zwischen Metall und Nichtmetall. In allen Fällen bestätigte sich, daß ein derartiger Mechanismus tatsächlich häufig vorkommt. Über Einzelheiten wird am anderen Ort berichtet werden.

Offen bleibt zunächst die Frage, ob unter diesen Umständen Punktlötungen womöglich an strenge selektive Voraussetzungen gebunden sind. Tatsächlich lassen sich Bedingungen erreichen, unter denen unabhängig vom Grundmechanismus Punktlötungen möglich sind. Voraussetzung ist eine genaue Beachtung der Dynamik dieser Vorgänge. Bei weiter Entfernung von den Gleichgewichtslagen, d.h. bei sehr schnellem und kurzzeitigem Aufbringen einer geringen Menge beliebiger Lötlegierungen, lassen sich Punktlötungen verwirklichen — unabhängig davon, ob chemisorptive oder physikosorptive Haftung vorliegt (Abb. 5).

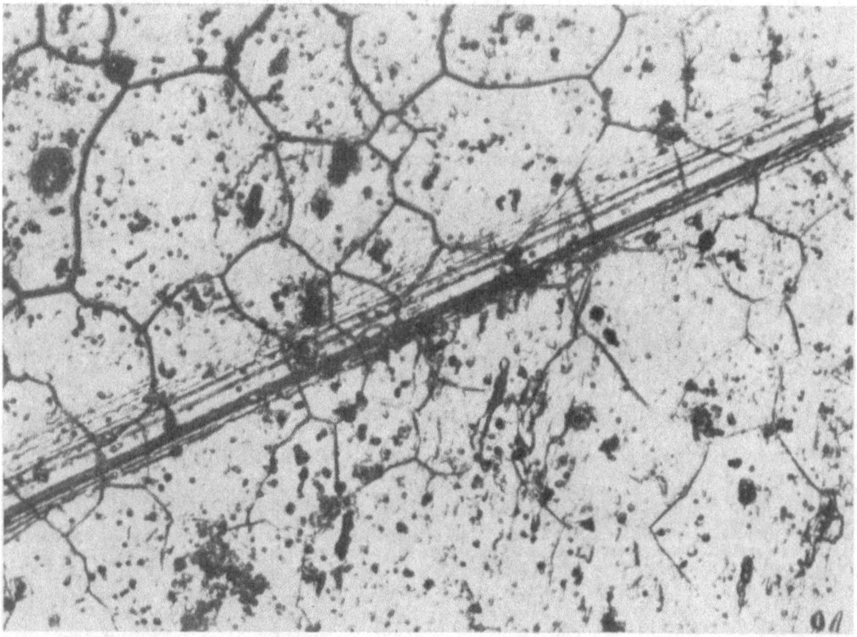

Abb. 5 Verteilung der Schmelzen zwischen Korngrenzen und Defekten, Eutektikum Cu, Ag

Abb. 6 zeigt eine sehr kleine erstarrte Kugel einer Silberschmelze auf Nickel, die fest haftet, Ein Vergleich mit einer Schmelzkugel von Kupfer auf Nickel zeigt, daß beide durch einen „Schmelzfuß" mit der Unterlage verbunden sind. Nach oberflächlichen phänomenologischen Vorstellungen sind Punktlötungen unter Physikosorption zwischen Partnern nicht zu erwarten. Eine vertiefte Überlegung auf der Grundlage der Theorie gekoppelter Oszillatoren läßt die erforderlichen Bedingungen für die Praxis ermitteln. Die genaue Beurteilung der kinetischen Vorstellungen bedarf einer eingehenden Diskussion des Elektron-Phonon-Mechanismus und vielfältiger stochastischer Rechnungen.

Die Erfahrung lehrt in Übereinstimmung mit der Theorie, daß für die Verwirklichung von Punktlötungen ein weiter Bereich stofflicher Kombinationen zur Verfügung steht. Voraussetzungen sind:

1. sehr schnelles Aufschmelzen und Abkühlen,
2. stofflich und energetisch weiter Abstand vom Gleichgewicht,
3. extrem kleine Lotmengen,
4. fein-modulierbares Schmelzgerät, z.B. Laser.

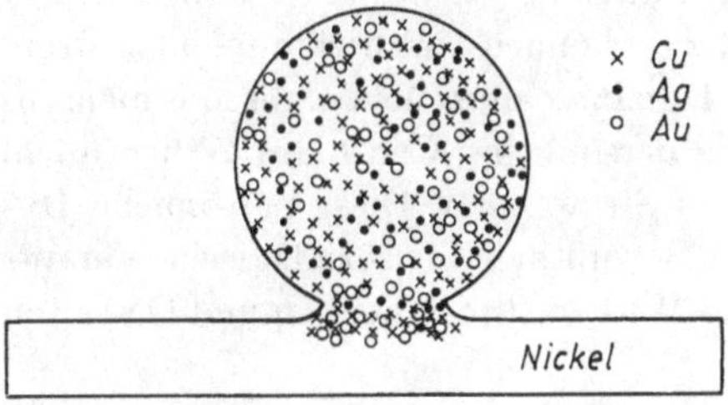


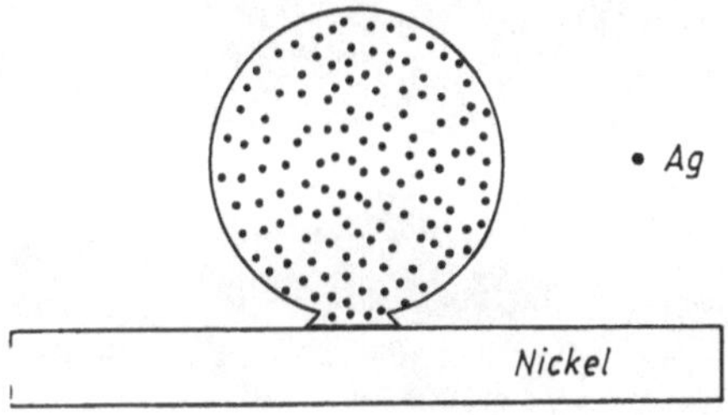


Abb. 6 oben: Punktlötung Cu, Ag, Au auf Nickelunterlage
unten: Punktlötung Ag auf Nickelunterlage Kleinstmengen, extrem kurze Schmelzdauer

Einige Folgerungen: Bedingungen und Erfahrungen über Haften und Ausbreiten von Schmelzen auf Festkörperunterlagen, vor allem Punktlötungen, sind Spiegelbilder eines allgemeinen Problems. Dieses ergibt sich aus der Notwendigkeit, im Zuge der gegenwärtigen wissenschaftlich-technischen Revolution das Verhältnis von Prozedur zur Reaktivität grundsätzlich neu zu durchdenken. Die Prozeduren sind prinzipiell festgelegt durch den Mikroprozessor mit Mikrosensor, Mikrooperator, gelenkt durch Computer-Programme.

Reaktionen aller Art, besonders Stoffwandlungen weitab vom Gleichgewicht, erlauben sehr viele Varianten und erweitern die Bedingungen zur Auswahl von Operatoren, die in die strenge Hierarchie des elektronischen Mikroprozessors passen. Dabei müssen jeweils kleinste Umsätze der Elementarprozesse in Kauf genommen werden. Im Sonderfall der Mikro-Punktlötungen sind diese Bedingungen von vornherein nützlich. Im Regelfall von Stoffwandlungen lassen sie sich durch Multiplikation, z. B. durch leicht lenkbare Fließprozesse, leicht modellierbar und modulierbar verwirklichen.

Eine entscheidende Aufgabe der Gegenwart ist es, in der gesamten Statik und Kinetik der Vorgänge die Dynamik zu erkennen und wirksam einzusetzen. Das bedeutet, in der materialistischen Dynamik muß notwendig die menschliche Dynamik stehen, und in dieser die persönliche. Und hier darf ich mich, lieber WOLFGANG SCHIRMER, nochmal an Sie wenden. Diese persönliche Dynamik, immer bewährt in einer wachen Bewußtheit für sozialistische Verantwortung, die ist das, was Ihr Wesen und Wirken, Ihr Erkennen und Gestalten hervorhebt und bewährt.

Lieber WOLFGANG SCHIRMER, „*es ist der Geist, der sich den Körper baut*". Infolgedessen erlaube ich mir eine Prognose: Ich glaube, wir dürfen alle noch mit einer langen Spanne von Gesundheit, Schaffensfreude und Schaffenskraft rechnen und mit weiteren großen Erfolgen.

Helmut Stach und Klaus Fiedler

# Experimentelle und theoretische Beiträge zur Thermodynamik der Adsorption von Kohlenwasserstoffen an synthetischen Zeolithen vom Faujasittyp

Sehr geehrte Damen und Herren!
Hochverehrter Herr Professor Schirmer!

Als vor mehr als 10 Jahren einem der Autoren dieses Vortrages die Aufgabe angetragen wurde – gemeinsam mit einem jüngeren Mitarbeiter –, die Adsorption von n-Dekan an einem speziellen Zeolith zu untersuchen, ergaben sich beim Experimentator Zweifel, ob es günstig wäre, zu Beginn einer neuen Arbeitsrichtung derart komplizierte Systeme zu bearbeiten. Dem zweiten Autoren dieses Beitrages wurde etwa zur gleichen Zeit die Aufgabe gestellt, die Wechselwirkung von n-Paraffinen mittlerer Kettenlänge mit dem obengenannten Molekularsieb zu berechnen. Auch hier wurde – vom Theoretiker – die Frage aufgeworfen, inwieweit es zu Beginn der theoretischen Untersuchungen nicht günstiger wäre, die Wechselwirkung einfacher Adsorptive, beispielsweise von Edelgasen, mit unkomplizierteren Festkörpern, zu bearbeiten. In beiden Fällen entschieden Sie, Herr Professor Schirmer, daß die gestellten Aufgaben zu bearbeiten seien und führten dazu aus, daß es die Aufgabe eines jeden Wissenschaftlers der damaligen Abteilung Adsorption, die Ihnen als Institutsdirektor direkt unterstellt war, sei, sowohl experimentelle Daten mit einer hohen Relevanz für die petrolchemische Industrie der DDR zu erarbeiten, als auch Resultate zu erzielen, die einen hohen erkenntnistheoretischen Wert besitzen. Diese Richtlinie gelte sowohl für die Experimentatoren als auch für die Theoretiker. Nach diesem Grundsatz waren alle Untersuchungen der Abteilung Adsorption angelegt und auch die wissenschaftlichen Arbeiten des späteren Bereiches Modellierung und Adsorption.

Erlauben Sie mir, Ihnen im Namen der Mitarbeiter der Abteilungen Adsorptionsthermodynamik und Rechenzentrum des Zentralinstitutes für Physikalische Chemie der AdW der DDR sehr herzlich für die intensive geistige Wechselwirkung, die seit Konstituierung der genannten Abteilungen zwischen Ihnen und diesen bestanden hat, für zahlreiche wertvolle Hinweise und Impulse und auch für die zuweilen erforderliche Ermunterung in komplizierten Arbeitsphasen zu danken. Wir wünschen uns, daß diese, wie wir glauben, auch erfolgreiche Zusammenarbeit sich noch recht lange fortsetzt.

## 1. Einführung

Unsere systematischen Untersuchungen zur Adsorption von Kohlenwasserstoffen an zeolithischen Molekularsieben im Zentralinstitut für physikalische Chemie verfolgten eine doppelte Zielstellung:

- Bereitstellung von Gleichgewichtsdaten für großtechnische Trennprozesse (Parexverfahren [1, 2] und weitere geplante)
- Erarbeitung von Beiträgen zu einer Theorie der Adsorption an mikroporösen Festkörpern [3, 4, 5].

In diesem Vortrag wird die erste Aufgabenstellung nicht behandelt, vielmehr soll der erreichte Stand bei der theoretischen Durchdringung dargelegt werden. Obwohl in unsere Untersuchungen neben unterschiedlichen Kohlenwasserstoffen (Paraffine, Olefine, Aromaten) auch polare Moleküle einbezogen wurden, werden hier insbesondere die Ergebnisse der n-Paraffinadsorption behandelt.

Das besondere Interesse an diesem Arbeitsgebiet ergibt sich aus den folgenden Überlegungen. Die n-Paraffine mit einfacher Struktur bilden Homologe, die durch unterschiedliche Kettenlänge und damit Molekülgröße charakterisiert sind. Ein adsorbiertes kleines n-Paraffinmolekül füllt den Zeolithhohlraum nur zu einem Bruchteil, ein großes dagegen vollständig aus. Durch die Adsorption von n-Paraffinen können also verschiedene Adsorptionsmodelle realisiert werden. Außerdem besitzen die n-Alkane schwache innermolekulare Freiheitsgrade. Damit ist ihre Adsorption nicht nur durch die intermolekulare Wechselwirkung zu beschreiben, sondern es muß auch das innermolekulare Potential berücksichtigt werden. Darüber hinaus sind bei hohen Beladungen schwache zwischenmolekulare Wechselwirkungen im adsorbierten Molekül in Rechnung zu setzen. Die untersuchten Zeolithe mit ihrem bekannten strukturellen Aufbau sowie mit ihren leicht zu berechnenden empirischen Potentialen gegenüber den $CH_2$-Gruppen und die n-Paraffine mit ihrer übersichtlichen Struktur und den ebenfalls gut bekannten inneren Potentialen bilden einen günstigen Ausgangspunkt für den Einsatz der statistischen Thermodynamik.

Das energetische Verhalten der Molekularsiebe wird erheblich durch die Kationen beeinflußt [6]. Eine wesentliche Komponente des Energiepotentials stellt der elektrostatische Term dar. Die Hauptquellen des elektrostatischen Feldes sind die Ladungen der Kationen. Durch Austausch mehrwertiger Kationen bei gleicher chemischer Zusammensetzung des Alumosilikatgerüstes erfolgt eine Umverteilung der Quellen. Es tritt insbesondere eine Konzentration der felderzeugenden Ladungen und damit, bei gleicher Gesamtladung, eine lokale Erhöhung der Feldstärke ein, das Adsorbens wird energetisch inhomogener. Umgekehrt wird bei fester Gesamtladung die maximale Homogenisierung durch einwertige Kationen erreicht. Eine weitere Homogenisierung des Feldes ist dann nur noch durch eine Senkung der Gesamtladung möglich, die durch eine Änderung der chemischen Zusammensetzung, etwa durch Erhöhung des $SiO_2$-Gehaltes im Zeolith, erreicht werden kann. Der Grenzfall ist dann erreicht, wenn das mikroporöse Molekularsieb nur noch aus Siliziumdioxid besteht und kein elektrostatisches Feld mehr enthält [7].

Im folgenden wird insbesondere der Einfluß des elektrostatischen Feldes auf die thermodynamischen Größen der Adsorption von n-Paraffinen am Zeolith vom Typ NaX sowie am Molekularsieb US-Ex [8] (und zum Vergleich auch am NaY) behandelt.

## 2. *Experimentelles*

Das Adsorptionsgleichgewicht von Äthan, n-Butan, n-Hexan, n-Oktan und n-Dekan wurde unter Verwendung der Methoden zur Messung von Adsorptionsisothermen und -isosteren sowie der Adsorptionskalorimetrie untersucht. Die Adsorptionswärmen wurden unter Verwendung der CLAUSIUS-CLAPEYRONschen Gleichung berechnet oder kalorimetrisch gemessen. Das verwendete Kalorimeter war vom Calvettyp [9] mit einer Empfindlichkeit von mehr als 50 µV/mW [10]. Die Zeolithe NaX, NaY und das Molekularsieb US-Ex wurden im Laboratorium synthetisiert. Einige Eigenschaften der Adsorbentien werden in Tab. 1 angegeben.

Tabelle 1 Eigenschaften der untersuchten Molekularsiebe

| Zeolithe | Zusammensetzung der Elementarzelle | Hohlräume/g | $a_0$ (nm) |
|---|---|---|---|
| NaX | $Na_{82}H_2[(AlO_2)_{84}(SiO_2)_{108}]$ | $3{,}6 \cdot 10^{20}$ | 2,493 |
| NaY | $Na_{54}H_3[(AlO_2)_{57}(SiO_2)_{138}]$ | $3{,}8 \cdot 10^{20}$ | 2,472 |
| US-Ex | $Na_{0,3-0,7}[(AlO_2)_{1-5}(SiO_2)_{191-187}]$ | $4{,}2 \cdot 10^{20}$ | 2,426 |

Aus Tab. 1 folgt, daß (formal) im Zeolith NaX in jedem Hohlraum etwa zehn, im NaY etwa sieben $Na^+$-Ionen enthalten sind, während das Molekularsieb US-Ex nur noch in jedem zehnten Hohlraum ein Natrium-Ion aufweist und damit ein vernachlässigbar kleines elektrostatisches Feld im Porensystem enthält.

## 3. *Experimentelle Ergebnisse*

In Abb. 1 sind für das Äthan- und das n-Hexan-Molekül (als Modelladsorptive) die experimentell ermittelten differentiellen Adsorptionswärmen in Abhängigkeit von der Zahl an $CH_2$-Gruppen je großen Hohlraum für die Zeolithe NaX, NaY und das Molekularsieb US-Ex dargestellt und zwar im unteren Teil der Abbildung die Adsorptionswärme von Äthan am Zeolith NaX (Kurve 3), NaY (Kurve 2) und US-Ex (Kurve 1). Im oberen Teil des Bildes sind die Adsorptionswärmen von Hexan an den entsprechenden Molekularsieben abgebildet. Aus der Abbildung folgt, daß die Adsorptionswärme der Paraffine mit Verringerung des elektrostatischen Feldes im Zeolithhohlraum, also beim Übergang vom Molekularsieb NaX zum US-Ex abnimmt. Das ist besonders deutlich bei der Adsorption von n-Hexan-Molekülen zu erkennen, weniger stark bei der Äthan-Adsorption. Unter Berücksichtigung der unterschiedlichen Anzahl an Hohlräumen je Gramm Zeolith, die in Tab. 1 angegeben sind, erscheinen die Maxima in den Wärmekurven des n-Hexans für die Zeolithe NaX und NaY bei der gleichen relativen Beladung. Das Molekularsieb US-Ex ist bidispers [31].

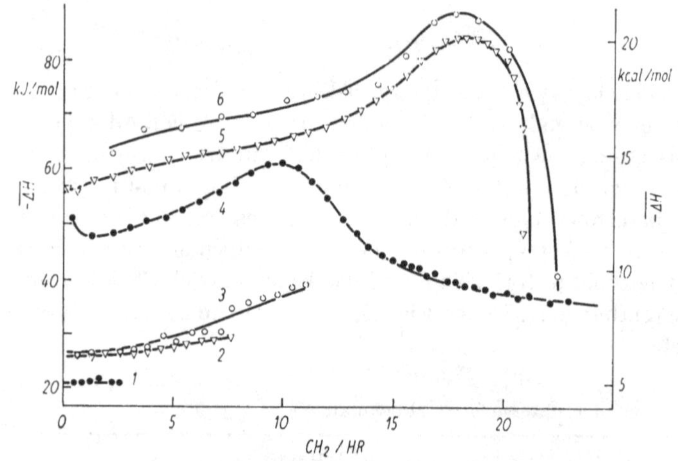


Abb. 1 Abhängigkeit der differentiellen Adsorptionswärme von Paraffinen an den Molekularsieben NaX, NaY und US-Ex (Äthan: 1, 2, 3); (n-Hexan: 4, 5, 6) von der Zahl $CH_2$-Gruppen je Hohlraum
○ – NaX ▽ – NaY ● – US–Ex

Es enthält neben den Mikroporen auch Makroporen. Das ist die Ursache für den abweichenden Verlauf der Wärmekurve 4 in Abb. 1. Weiterhin ergibt sich aus dem Bild, daß die Abnahme des elektrostatischen Feldes von einer Verringerung der Maxima in den Wärmekurven begleitet wird. (Vergleich von Kurve 6 mit Kurve 4).

Für eine adsorbierte Menge von 0,1 mmol/g sind in der nachfolgenden Tab. 2 die differentiellen Adsorptionswärmen der beiden Alkane für die drei untersuchten

Tabelle 2 Vergleich experimenteller Adsorptionsenthalpien $-\Delta H_{0,1}$ für n-Paraffine in kJ/mol

| | NaX | | | NaY | | | US-Ex |
|---|---|---|---|---|---|---|---|
| n-Paraffine | $-\overline{\Delta H}$ | $-\Delta\overline{\Delta H}$ | $\frac{-\Delta\Delta H}{-\overline{\Delta H}}$ | $-\overline{\Delta H}$ | $-\Delta\overline{\Delta H}$ | $\frac{-\Delta\Delta H}{-\overline{\Delta H}}$ | $-\overline{\Delta H}$ |
| $C_2H_6$ | 26,4 | 5,1 | 0,193 | 24,2 | 2,9 | 0,119 | 21,3 |
| $C_6H_{14}$ | 63,6 | 16,3 | 0,256 | 53,5 | 6,2 | 0,116 | 47,3 |

Zeolithe zusammengestellt. Da das Molekularsieb US-Ex praktisch kein elektrostatisches Feld mehr enthält, sehen wir die an diesem Adsorbens gemessene Adsorptionswärme (Spalte 8) als das Ergebnis der ausschließlichen Dispersionswechselwirkung zwischen dem Paraffin und dem Festkörper an. Unter der Voraussetzung, daß die adsorbierten n-Paraffin-Moleküle im Hohlraum der Zeolithe NaX und NaY eine ähnliche Lage wie im Molekularsieb US-Ex einnehmen, werden von uns gleichgroße Beträge dieser Wechselwirkungsenergie auch bei der Adsorption in den kationenhaltigen Zeolithen angenommen. Damit ergibt sich deren Anteil der Polarisationsenergie (Spalte 3, 6) als Differenz zwischen den Adsorptionswärmen des gleichen Kohlenwasserstoffes an den Zeolithen NaX (Spalte 2), NaY (Spalte 5) und US-Ex (Spalte 8). Wie aus Tab. 2 hervorgeht, verringert sich dieser Anteil mit Abnahme des elektrostatischen Feldes der Adsorbentien.

Um den Einfluß des elektrostatischen Feldes in Abhängigkeit von der Kettenlänge der n-Paraffine zu erfassen, wurden die Untersuchungen auf weitere Homologe ausgedehnt. Abb. 2 zeigt für einige n-Paraffine die Kurven der differentiellen Adsorptionswärmen in Abhängigkeit von der Zahl an $CH_2$-Gruppen je Zeolithhohlraum. Die Kurven entsprechen von unten nach oben betrachtet den Enthalpien von Äthan, n-Butan, n-Hexan, n-Oktan und n-Dekan am

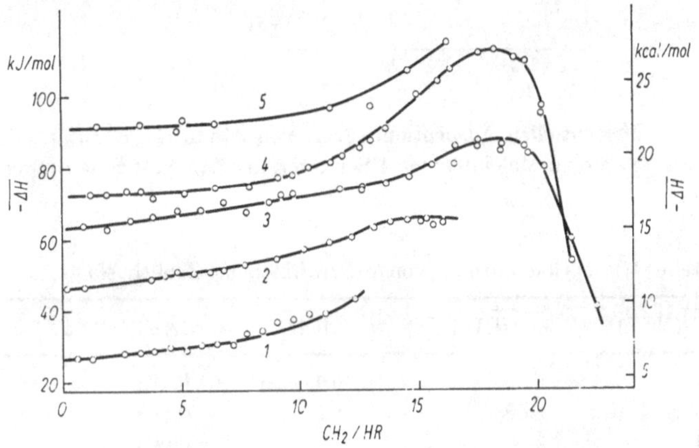


Abb. 2 Abhängigkeit der differentiellen Adsorptionswärme von Äthan (1), n-Butan (2), n-Hexan (3), n-Oktan (4) und n-Dekan (5) am Zeolith NaX von der Zahl an $CH_2$-Gruppen im großen Hohlraum

Zeolith NaX. Für alle hier vorgestellten Adsorptionswärmen gilt, daß im Falle ihrer Bestimmung aus gemessenen Isothermen [12] bzw. Isosteren [13] nur die linearen Bereiche der Isosteren ausgewertet werden. Aus Abb. 2 folgt, daß bei gegebener Feldstärke des Molekularsiebes NaX mit zunehmender Kettenlänge sowohl die Adsorptionswärmen als auch die Maxima in den Wärmekurven ansteigen.

Das gleiche Ergebnis wird auch für die Adsorptionsenthalpien der n-Alkane im zeolithischen Molekularsieb US-Ex erhalten. Das geht deutlich aus Abb. 3 hervor, in der die entsprechenden Wärmekurven abgebildet sind*. Ein Vergleich von Abb. 2 mit Abb. 3 zeigt jedoch, daß die Verminderung des elektrostatischen Feldes auf (praktisch) Null im US-Ex zu einem geringeren Anstieg der Adsorptionswärme und der Maxima der Wärmekurve mit zunehmender Kettenlänge der n-Alkane führt, als im Falle des zeolithischen Molekularsiebes NaX.

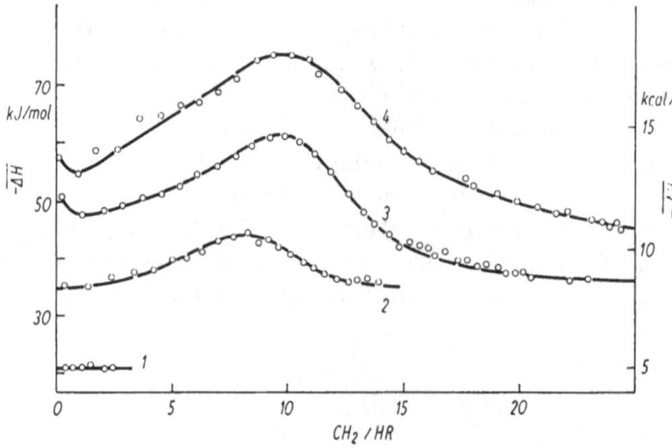


Abb. 3 Abhängigkeit der differentiellen Adsorptionswärme von Äthan (1), n-Butan (2), n-Hexan (3) und n-Oktan (4) an dem Molekularsieb US-Ex von der Zahl an $CH_2$-Gruppen im Mikroporenhohlraum

Tabelle 3 Experimentelle Adsorptionswärmen von n-Paraffinen im Zeolith NaX

| n-Paraffine | $-\overline{\Delta H}$(NaX) | $-\overline{\Delta H}$(US-Ex) | $-\Delta(\overline{\Delta H})$ | $\Delta\overline{\Delta H}/\overline{\Delta H}$(NaX) |
|---|---|---|---|---|
| $C_2H_6$ | 26,4 | 21,3 | 5,1 | 0,193 |
| $C_3H_8$ | 35,6 | 26,8 | 8,8 | 0,248 |
| $C_4H_{10}$ | 46,4 | 34,2 | 12,2 | 0,263 |
| $C_5H_{12}$ | 54,4 | 41,0 | 13,4 | 0,246 |
| $C_6H_{14}$ | 63,5 | 47,3 | 16,3 | 0,256 |
| $C_8H_{18}$ | 78,3 | 60,3 | 18,0 | 0,230 |
| $C_{10}H_{22}$ | 91,4 | 67,8 | 23,6 | 0,258 |

* Es sei am Rande bemerkt, daß die kalorimetrischen Messungen der Adsorptionswärme von Äthan, Propan und n-Pentan im Rahmen der arbeitsteiligen Zusammenarbeit mit dem *Institut für physikalische Chemie der Akademie der Wissenschaften der UdSSR* in Moskau erfolgten [14]. Der Übersichtlichkeit wegen wurde nur die Wärmekurve von Äthan in Abb. 3 eingetragen.

In Tab. 3 werden für eine adsorbierte Menge von wiederum 0,1 mmol/g die Adsorptionswärmen der n-Paraffine am Zeolith NaX und am Molekularsieb US-Ex miteinander verglichen.

Ähnlich, wie in der vorhergehenden Tabelle, wird der Beitrag der Polarisation zur Adsorptionsenthalpie am Zeolith NaX (Spalte 4) ermittelt. Es zeigt sich, daß dieser mit steigender C-Zahl zwar ansteigt, aber innerhalb der homologen Reihe der n-Alkane anteilmäßig konstant bleibt. Er beträgt im Mittel für den Zeolith 25% und ist damit keineswegs zu vernachlässigen, wie zuweilen in der Literatur behauptet wird. Analoge Untersuchungen am zeolithischen Molekularsieb NaY ergeben einen Polarisationsanteil von nur noch 12% [15]. (Bei der Mittelwertbildung wurden die für Äthan erhaltenen Meßergebnisse nicht berücksichtigt.)

In Abb. 4 sind für die Molekularsiebe NaX und US-Ex die Adsorptionswärmen ($a = 0,1$ mmol/g) gegen die Zahl an Kohlenstoffatomen in den n-Paraffinen aufgetragen (Kurve 1 und 2). Außerdem wurden auch die Polarisationsbeiträge der Adsorptionsenthalpien für den Zeolith NaX in dieses Bild aufgenommen (Kurve 3).

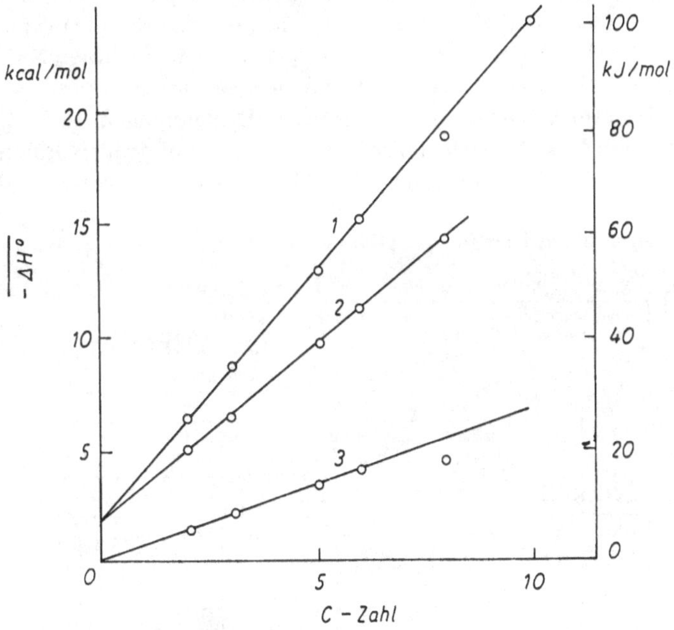


Abb. 4 Abhängigkeit der Adsorptionswärmen $-\overline{\Delta H}$ der n-Paraffine an den Molekularsieben NaX (Kurve 1) und US-Ex (Kurve 2) von der C-Zahl der Adsorbate (Kurve 3 — Polarisationsanteil)

Wie ersichtlich, können sowohl die Enthalpiewerte als auch die Polarisationsterme durch Geradengleichungen beschrieben werden. Diese sind in der Tafel 1 zusammengefaßt und gestatten Extrapolationsberechnungen für bisher nicht untersuchte Zeolithe.

Tafel 1 Abhängigkeit der differentiellen Adsorptionswärmen $-\overline{\Delta H}_{0,1}$ für $a = 0{,}1$ mmol/g und der Polarisationsterme $\varphi_p$ von der Zahl $n$ der Kohlenstoffatome der n-Paraffine (in kJ/mol) [20]

| Zeolith | Lineare Beziehungen |
|---|---|
| NaX | $-\overline{\Delta H}_{0,1} = (6{,}02 \pm 2{,}61) + (9{,}36 \pm 0{,}43)\, n$ |
| | $\varphi_p = (1{,}85 \pm 1{,}47) + (2{,}18 \pm 0{,}28)\, n$ |
| US–Ex | $-\overline{\Delta H}_{0,1} = (7{,}75 \pm 0{,}55) + (6{,}58 \pm 0{,}1)\, n$ |

## *4. Theoretische Untersuchungen*

### *4.1. A posteriori Analyse der Experimente*

In Tafel 2 ist die Konzeption der theoretischen Bearbeitung der n-Paraffinadsorption an unterschiedlichen Zeolithen dargestellt [16]. Im Rahmen dieses Vortrages wird nur das Gebiet der n-Paraffin-Adsorption an den Zeolithen NaX, NaY und am Molekularsieb US-Ex behandelt und zwar sowohl die a posteriori Analyse der experimentellen Daten als auch a priori Berechnungen.

Da die X- und Y-Zeolithe sich durch eine offenere Struktur und größere Porendurchmesser von den A-Zeolithen unterscheiden [17], ist nicht zu erwarten, daß

Tafel 2 Untersuchungen zur n-Paraffinadsorption an Zeolithen

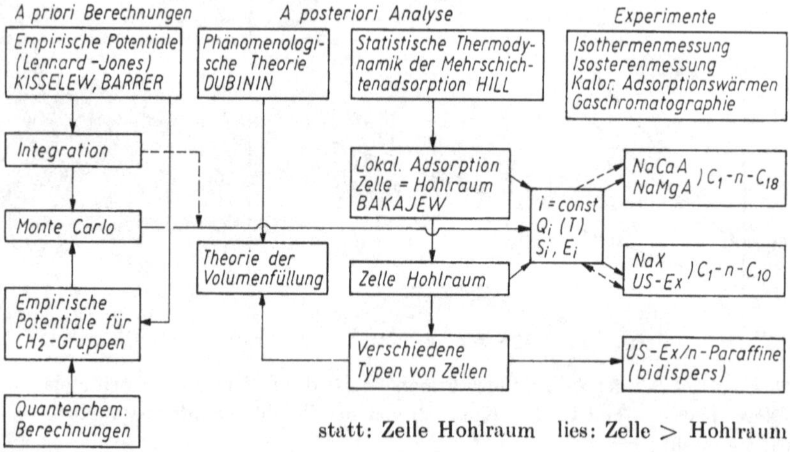


statt: Zelle Hohlraum lies: Zelle > Hohlraum

die Voraussetzungen zur Anwendung von Gleichungen der statistischen Thermodynamik [18] auch in diesen beiden Zeolithtypen erfüllt sind. Tatsächlich war es nicht möglich, die n-Dekan-Adsorption am Zeolith NaX mit einer Gleichung, in der die Zelle mit dem Hohlraum des Zeolithmaterials identisch ist, zu beschreiben, wie im Falle der Zeolithe vom Typ A [3]. Da die Theorie nicht auf eine Einteilung der Molekularsiebe in Zellen, die mit den Hohlräumen identisch sind, beschränkt ist, können die Zellen sowohl größere oder kleinere Volumenelemente der Zeolithstruktur umfassen [16]. Wir wählten für die Beschreibung der n-Dekan-Adsorption am Zeolith NaX eine Zelle, die in ihrer Größe dem $3^1/_2$fachen des Volumens eines $\alpha$-Käfigs entspricht [19]. Das Ergebnis der a posteriori Analyse unter Verwendung der in Tafel 3 angegebenen statistisch-thermodynamisch abgeleiteten Isothermengleichung (Gl. 3) ist in nachfolgen-

Tafel 3 Gleichungen zur Theorie der Zellenausfüllung [16]

| | | |
|---|---|---|
| $\Xi = \prod_k \Xi_k^{N_k}$ | (1) | Große Zustandssumme des Gesamtsystems |
| $\Xi_k = 1 + \sum_i Q_{k,i}\, \lambda^{n_{k,i}}$ | (2) | Große Zustandssumme einer Zelle vom Typ $k$ |
| $a = \dfrac{\partial \ln \Xi}{\partial \ln \lambda} = \sum_k N_k \Theta_k$ | (3) | Isothermengleichung |
| $\Theta_k = \sum_i n_{k,i}\, \Theta_{k,i}$ | (4) | mittlere Anzahl von Molekülen in einer Zelle vom Typ $k$ |
| $\Theta_{k,i} = Q_{k,i}\, \lambda^{n_{k,i}} \cdot \Theta_{k,o}$ | (5) | Wahrscheinlichkeit des Zustandes i einer Zelle vom Typ $k$ |
| $\Theta_{k,o} = 1/\Xi_k$ | (6) | Wahrscheinlichkeit einer leeren Zelle vom Typ $k$ |
| $\Theta_{k,o} + \sum_i \Theta_{k,i} = 1$ | (7) | Normierung der Wahrscheinlichkeit |
| $n_{k,i}$ | | Besetzungszahl einer Zelle vom Typ $k$ im Zustand $i$ |
| $N_k$ | | Anzahl der Zellen vom Typ $k$ |
| $\lambda = e^{\mu/RT} = \dfrac{f/p_0}{T/T_0}$ | (8) | absolute Aktivität, standardisiert |
| $Q_{k,i} = \exp\left[\dfrac{n_{k,i}}{R}(S_{k,i} - E_{k,i}/T)\right]$ | (9) | Zerlegung der kanonischen Zustandssumme des Zustandes $i$ einer Zelle vom Typ $k$ |
| $E_{k,i}$ | | Energiekonstante des Zustandes $k, i$ |
| $S_{k,i}$ | | Entropiekonstante des Zustandes $k, i$ (standardisiert) |
| $f$ | | Fugazität des Adsorptivs |

der Abb. 5 dargestellt. Die gemessenen Punkte sind durch Symbole gekennzeichnet, die berechneten Isothermen durch ausgezogene oder gestrichelte Linien. Die Übereinstimmung zwischen der Theorie und dem Experiment ist als gut zu bezeichnen.

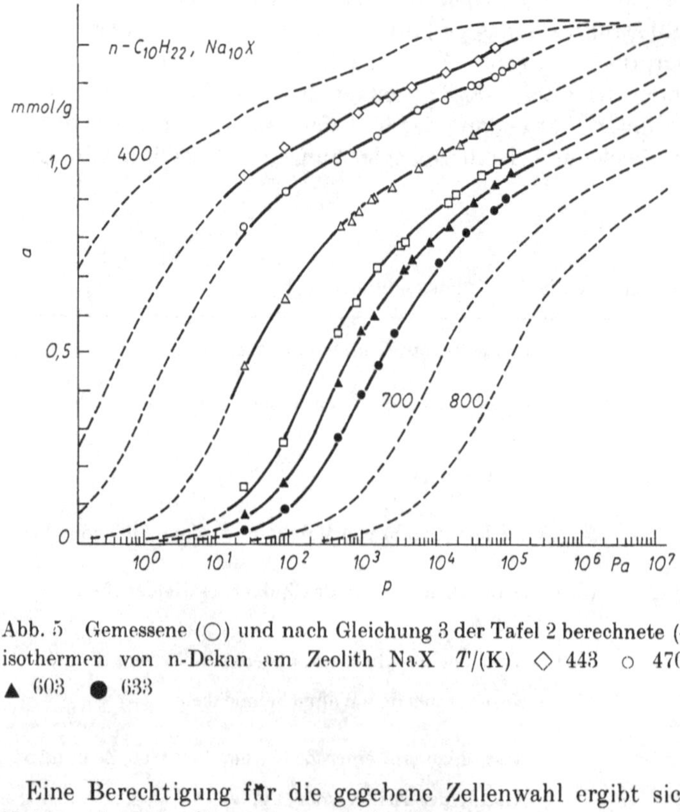


Abb. 5 Gemessene (○) und nach Gleichung 3 der Tafel 2 berechnete (——) Adsorptionsisothermen von n-Dekan am Zeolith NaX $T/(K)$ ◇ 443 ○ 470 △ 523 □ 580 ▲ 603 ● 633

Eine Berechtigung für die gegebene Zellenwahl ergibt sich aus speziellen Untersuchungen. So wird eine Zelle, die sich aus zwei großen Hohlräumen zusammensetzt, in Abb. 6 dargestellt. In dieser Abbildung ist ein n-Dekan-Molekül eingezeichnet, das sich gleichzeitig innerhalb von zwei Hohlräumen befindet. Die Position der einzelnen C-Atome wurde unter Verwendung eines Monte-Carlo-Generators mit einer empirischen Potentialfunktion [25] ermittelt. Die Abbildung zeigt eine wahrscheinliche Anordnung des adsorbierten Kohlenwasserstoffes bei Zimmertemperatur.

Die zur Beschreibung des Systems n-Dekan/NaX verwendete Verfahrensweise wurde danach zur a posteriori Analyse aller untersuchten Kohlenwasserstoffe an den Zeolithen NaX [20], NaY [21] und dem Molekularsieb US-Ex [22] verwendet. Es können folgende Schlußfolgerungen gezogen werden:

1. Wenn der Begriff der Zelle nicht auf den großen Hohlraum der Zeolithe beschränkt bleibt, können die verallgemeinerten BAKAJEW-Gleichungen [23] auch auf die Zeolithe vom Typ X, Y und auf das Adsorbens US-Ex angewendet werden.

2. Die Energie- und Entropie-Konstanten der Isothermengleichungen sind mit der Konzentration der $CH_2$-Gruppen in den Hohlräumen der Molekularsiebe durch sehr einfache Beziehungen verknüpft [5], so daß Extra- und Interpolationen in einfacher Weise möglich sind.

3. Ein Vergleich der Energiekonstanten des gleichen Adsorbates in X- [20] und Y-Zeolithen [21] mit denen von 5-A-Zeolithen [3] ergibt, daß die letzteren höhere numerische Werte aufweisen. Mit abnehmender mittlerer Feldstärke der Zeolithohlräume verringern sich die Energiekonstanten.

4. Die Entropiekonstanten gleicher n-Paraffine, die an X- und Y-Zeolithen adsorbiert sind, übertreffen diejenigen, die an 5-A-Zeolithen gefunden wurden [20, 21, 3].

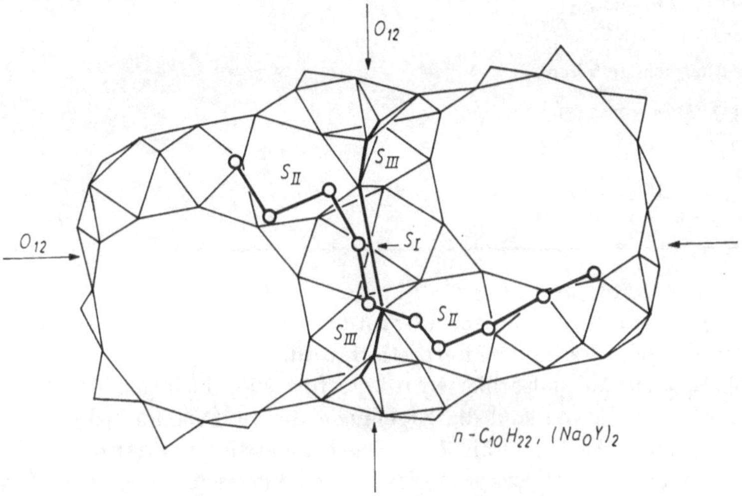


Abb. 6 Anordnung eines in zwei benachbarten Hohlräumen des zeolithischen Molekularsiebes NaX adsorbierten n-Dekanmoleküls (nach Monte-Carlo-Rechnungen)

Bei sehr hohen Temperaturen vermindert sich, wie aus Gl. 2 der Tafel 4 folgt, der Einfluß der Energiekonstanten in den BAKAJEW-Gleichungen, was zu einer Erhöhung des Einflusses des Entropiefaktors führt. Das gleiche Ergebnis kann im Bereich der Meßtemperaturen erreicht werden, wenn der Einfluß der Energie bekannt ist und abgetrennt werden kann, was durch die Einführung der $\xi$-Funktion, d. h. des reduzierten und standardisierten chemischen Potentiales, ermöglicht wird [4]. (Die $\xi$-Funktion und ihre Beziehungen zur Isothermengleichung sind in Tafel 4 zusammengestellt.) Die Standardisierung bezieht sich

Tafel 4 Gleichungen zur reduzierten Isothermendarstellung [4]

Reduziertes chemisches Potential

$$\xi = \frac{\mu_s (T, V_s, E_s) - \mu_g (T, V_0, E_0)}{RT} \tag{1}$$

$$\xi = \frac{\overline{\Delta H} (a, T) - E_0}{RT} - \frac{\overline{\Delta S^{00}} (a, T)}{R} \tag{2}$$

$$\xi = \ln \frac{f/p_0}{T/T_0} - \frac{E_0}{RT} \tag{3}$$

Isothermendarstellung

$$a = f(\xi, T) \tag{4}$$

$$\overline{\Delta H} (a, T) \approx E_0 = \underset{a, T}{\text{const}}$$

$$\overline{\Delta S^{00}} (a, T) = \underset{T}{\text{const}} (a)$$

Reduzierte Isothermendarstellung

$$a \approx f(\xi) = \underset{T}{\text{const}} (\xi) \tag{5}$$

$f$ – Fugazität

$E_0$ – Bezugsenergie

auf die Energiekonstante $E_0$, die als Adsorptionswechselwirkung eines adsorbierten Moleküles pro Hohlraum interpretiert wird.

Die $\xi$-Abhängigkeit der adsorbierten n-Paraffine wird in folgender Abb. 7 gezeigt. In dieser Abbildung sind die Ergebnisse für die Systeme n-Paraffin-Zeolith 5 A dargestellt. Wie aus Abb. 7 hervorgeht, läßt sich eine ganze Familie von Isothermen eines Kohlenwasserstoffes durch eine einzige $\xi$-Kurve beschreiben. So sind in dem genannten Bild etwa 50 einzelne Isothermen dargestellt. Ferner ergibt sich, daß es unter Verwendung der $\xi$-Funktion möglich ist, von einer experimentell bestimmten Isotherme ausgehend, bei bekanntem $E_0$, alle anderen Isothermen für beliebige, nicht zu tiefe Temperaturen, zu ermitteln.

Aus Gl. 2 der Tafel 4 folgt, daß $\xi$ der partiellen Entropie $\overline{\Delta S^{00}}$ proportional ist. Aus dem Vergleich der Funktionen $a = f(\xi)$ für das gleiche Adsorbat an unterschiedlichen Molekularsieben kann also eine Information über die Beweglichkeit der adsorbierten Moleküle innerhalb eines Hohlraumes abgeleitet werden. In Abb. 8 sind die Untersuchungsergebnisse für die n-Paraffine am Zeolith NaX in der $\xi$-Darstellung aufgetragen. Aus dem Vergleich dieses Bildes

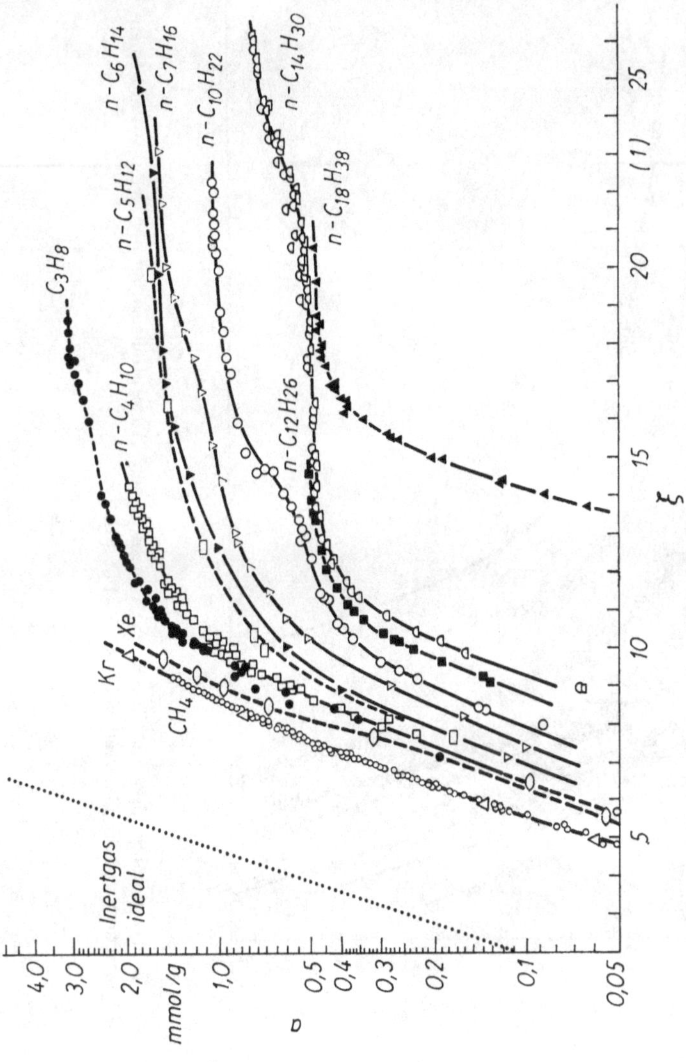


Abb. 7 Darstellung der am Zeolith NaCaA gemessenen Adsorptionsisothermen von n-Paraffinen in Abhängigkeit vom reduzierten chemischen Potential

$Na_4Ca_4A$, $a = f(\xi)$, $\xi = \ln \frac{p/p_0}{T/T_0} - E_0/RT$

mit dem vorhergehenden folgt, daß mit Verminderung der Stärke des elektrostatischen Feldes sich die $\xi$-Kurven zu geringeren Werten verschieben. Daraus ergibt sich eine Zunahme der Entropie der adsorbierten Moleküle und damit auch ihrer Beweglichkeit, wenn sich die elektrische Feldstärke der mikroporösen Adsorbentien verringert.

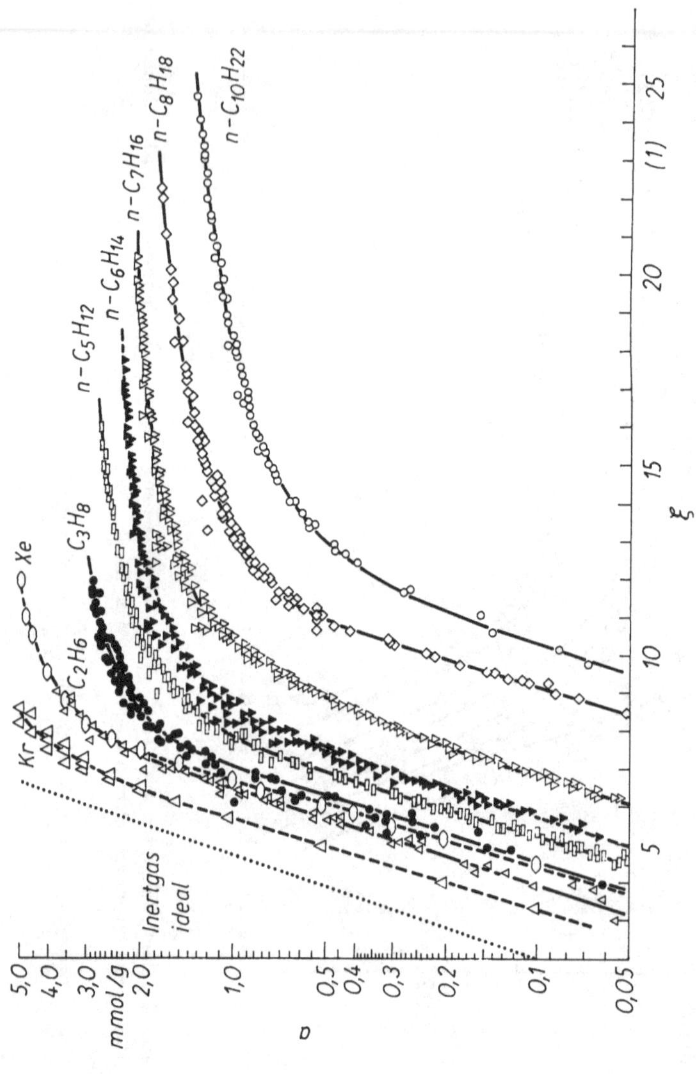


Abb. 8 Darstellung der am Zeolith NaX gemessenen Adsorptionsisothermen von n-Paraffinen in Abhängigkeit vom reduzierten chemischen Potential

$Na_{10}X$, $a = f(\xi)$, $\xi = \ln \frac{p/p_0}{T/T_0} - E_0/RT$

### 4.2. *A priori Berechnungen*

Zur weiteren Interpretation der experimentellen Resultate erfolgten a priori Berechnungen der Wechselwirkungsenergie zwischen einem n-Alkanmolekül beliebiger Kohlenstoffzahl und dem Zeolithgitter von NaX und US-Ex auf einfacher Grundlage. Dazu wird die Gesamtenergie als Summe der Beiträge der einzelnen $CH_2$- bzw. $CH_3$-Gruppen bestimmt [32]. Für die Wechselwirkung der $CH_2$-Gruppen wird in bekannter Weise [25] ein empirisches 6-, 8-, 10-Disper-

Tabelle 4 Werte der Konstanten zur Berechnung der Adsorptionsenergie

| | Einheit | $O^{-0,0104}_{(US\text{-}Ex)}$ | $O^{-0,2083}_{(Na_{10}X)}$ | $Na^+$ | $CH_2$ |
|---|---|---|---|---|---|
| $\alpha$ | $10^{-25}$ cm³ $\varepsilon_0$ Molek$^{-1}$ | 14,7 | 14,7 | 1,90 | 18,2 |
| $C_6$ | $10^{-45}$ kcal cm$^6$ mol$^{-1}$ | −1,07842 | −1,07842 | −0,204822 | −1,26994 |
| $C_8$ | $10^{-60}$ kcal cm$^8$ mol$^{-1}$ | −0,17638 | −0,17638 | −0,025879 | −0,21812 |
| $C_{10}$ | $10^{-75}$ kcal cm$^{10}$ mol$^{-1}$ | −0,035336 | −0,035336 | −0,0039855 | −0,045893 |
| $C_{12}$ | $10^{-90}$ kcal cm$^{12}$ mol$^{-1}$ | 1,088 | 1,1728 | 0,66071 | 3,0343 |
| $\chi$ | $10^{-30}$ cm³ $\mu_0$ Molek$^{-1}$ | −17,68 | −17,68 | −7,00 | −19,75 |
| $r$ | $10^{-10}$ m | 1,437 | 1,437 | 0,95 | 2,0 |

Tafel 5 Gleichungen zur Berechnung der Adsorptionsenergie von n-Paraffinen

$$\Phi = \sum_{-CH_2-,j} \Phi_{-CH_2-,j} + \Phi_P \quad \text{Energiepotential des n-Paraffins} \qquad (1)$$

$j$ — Index des Wechselwirkungspartners

$$\Phi_{-CH_2-,j} = \Phi_{D,j} + \Phi_{R,j} \quad \text{Zerlegung} \qquad (2)$$

$$\Phi_{D,j} = \frac{C_{6,j}}{r_j^6} + \frac{C_{8,j}}{r_j^8} + \frac{C_{10,j}}{r_j^{10}} \quad \text{Dispersionsenergie} \qquad (3)$$

$$\Phi_{R,j} = \frac{C_{12,j}}{r_j^{12}} \quad \text{Repulsionsenergie} \qquad (4)$$

$$\Phi_P = -\frac{1}{2}\alpha|\vec{F}|^2 \quad \text{Polarisationsenergie} \qquad (5)$$

| | |
|---|---|
| $C_{6,j}$; $C_{8,j}$; $C_{10,j}$ | Dispersionskonstanten |
| $C_{12,j}$ | Repulsionskonstanten |
| $r_j$ | Abstand $-CH_2-\dots j$ |
| $\alpha$ | Polarisierbarkeit |
| $\vec{F}$ | Feldstärke |

sionspotential $\Phi_0$ und 12-Repulsionspotential $\Phi_R$ sowie ein Polarisationsterm $\Phi_p$ eingesetzt. Die entsprechenden Gleichungen sind in der Tafel 5 zusammengestellt.

Vom Zeolithgitter werden zur Berechnung der Wechselwirkungsenergie 10 Sodalitheinheiten berücksichtigt, die einen großen Hohlraum umschließen. Im Falle des Molekularsiebes NaX sind die Kationen für die Berechnungen unter Berücksichtigung von Strukturangaben [26] nach einem Symmetrieprinzip verteilt [16]. Diese Verteilung stimmt nach neuesten Untersuchungen nicht vollständig mit dem Ergebnis von Strukturbestimmungen überein [27]. Der dadurch sich ergebende Fehler sollte jedoch recht gering sein.

In Abb. 9 ist der so berechnete Verlauf der Potentialenergiekurve einer $CH_2$-Gruppe im Zeolithhohlraum für einige ausgewählte Richtungen, sowohl für den Zeolith NaX als auch für das Molekularsieb US-Ex, abgebildet. Ein Vergleich zeigt, daß bei einer Anordnung im Zentrum der Sauerstoff-12-Ringe (das bedeutet der Porenfenster) sich die Adsorptionsenergien einer $CH_2$-Gruppe an

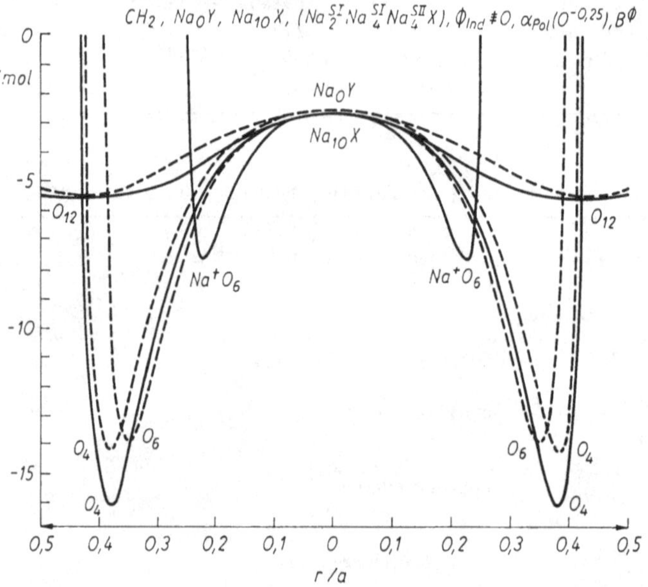


Abb. 9 Berechneter Verlauf der Potentialenergiekurven von $CH_2$-Gruppen in den Molekularsieben NaX ($Na_{10}X$) und US-Ex ($Na_0Y$) für einige ausgezeichnete Richtungen $O_4$ — Zentrum des Sauerstoff-4-ringes, $O_6$ — Zentrum des Sauerstoff-6-ringes, $Na^+O_6$ — vor dem $Na^+$-Ion im Zentrum des Sauerstoff-6-ringes, $O_{12}$ — Zentrum des Sauerstoff-12-ringes; statt $Na_4^{SI}$ lies $Na_4^{SI'}$

den beiden Adsorbentien nicht unterscheiden. Nur geringe Differenzen ergeben sich auch bei beiden Molekularsieben für die Wechselwirkung einer $CH_2$-Gruppe vor dem Zentrum der Sauerstoff-4-Ringe. Stark verschieden sind jedoch die Adsorptionsenergien einer $CH_2$-Gruppe vor einem S II-Zentrum [28], bzw. vor dem Zentrum eines unbesetzten Sauerstoff-6-Ringes. Da die experimentell bestimmten Adsorptionswärmen der gleichen n-Paraffine, adsorbiert im Zeolith NaX und am Molekularsieb US-Ex, sich jedoch beträchtlich unterscheiden, müssen noch weitere energetisch stark verschiedene Adsorptionszentren in den beiden genannten Molekularsieben vorhanden sein.

Deshalb haben wir, ausgehend vom Zentrum des großen Hohlraumes, die radialen Energieminima berechnet. Die sich daraus ergebenden Minimalflächen der Adsorptionsenergien sind in Zylinderprojektion in den Abb. 10a (für NaX) und 11a (für US-Ex) dargestellt. Wie ersichtlich, sind die Energieflächen in Abhängigkeit von den Winkeln $\alpha$ und $\beta$ der Kugelflächenkoordinaten aufgetragen. In den Darstellungen wird jeweils ein halber großer Hohlraum der

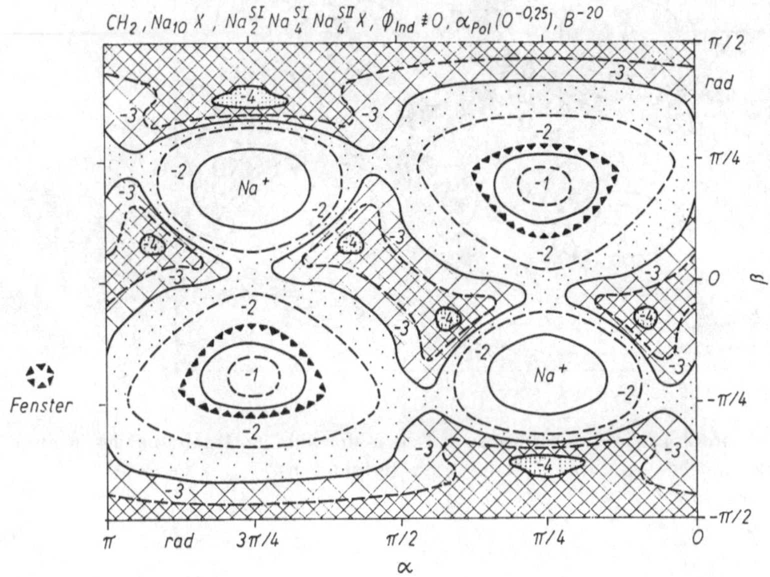


Abb. 10a Winkelnetzprojektion der Kugelflächenkoordinaten $\alpha$, $\beta$ für die Potentialfläche der Minima einer $CH_2$-Gruppe im Hohlraum des Zeolithen NaX; statt $Na_4^{SI}$ lies $Na_4^{SI'}$

| $\frac{\Phi(\alpha,\beta)}{(kJ/mol)}$ | |
|---|---|
| −1 | $-6{,}3 < \Phi < -4{,}2$ |
| −2 | $-10{,}4 < \Phi < -8{,}3$ |
| −3 | $-14{,}6 < \Phi < -12{,}5$ |
| −4 | $-18{,}8 < \Phi < -16{,}7$ |

Molekularsiebe erfaßt. Das Zentrum der Abbildungen $(\alpha, \beta) = (\pi/2, 0)$ entspricht einer Richtung durch einen S III-Platz [28]. Weitere S III-Plätze befinden sich in den Positionen $(\alpha, \beta) = (0, 0)$; $(\pi, 0)$ und $\beta = \pm\pi/2$. Alle S II-Plätze in Abb. 10a sind mit einem $Na^+$-Ion besetzt und in Abb. 11a unbesetzt. Die S I-Plätze befinden sich in Richtung der mit der Ziffer −4 bezeichneten Stellen. Abb. 10a zeigt, daß in unserem Modell die Gebiete niedriger Potentiale einer $CH_2$-Gruppe vor den Sauerstoff-4-Ringen der Hohlraumwand liegen und weitere Minima vor den Sechsringprismen. Dieses Ergebnis steht in Übereinstimmung mit Berechnungen der Adsorptionsenergie für Äthan aus der Literatur [29].

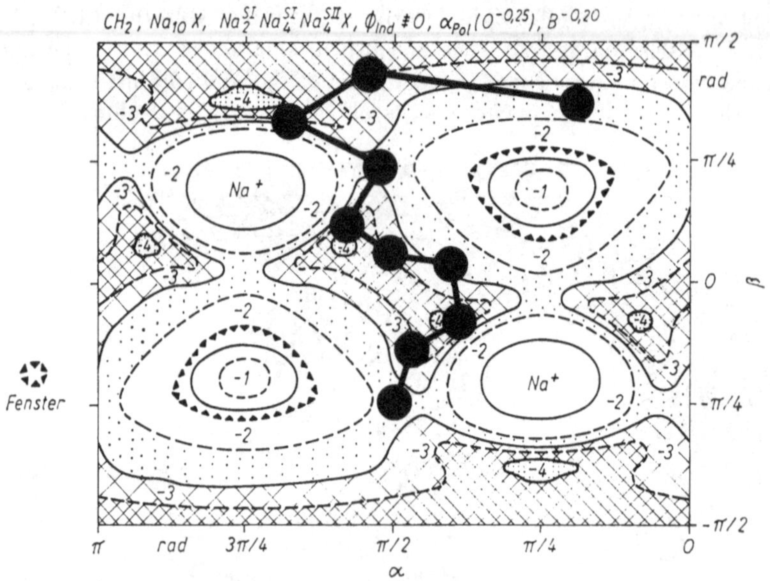


Abb. 10b Anordnung eines adsorbierten n-Dekan-Moleküls im Hohlraum des zeolithischen Molekularsiebes NaX (nach Monte-Carlo-Rechnungen);
statt $Na_4^{SI}$ lies $Na_4^{SI'}$

| | $\Phi(\alpha, \beta)$ (kJ/mol) |
|---|---|
| $-1$ | $-6{,}3 < \Phi < -4{,}2$ |
| $-2$ | $-10{,}4 < \Phi < -8{,}3$ |
| $-3$ | $-14{,}6 < \Phi < -12{,}5$ |
| $-4$ | $-18{,}8 < \Phi < -16{,}7$ |

In Abb. 11a sind die Ergebnisse der Berechnungen für einen Modellzeolith angegeben, aus dem die Kationen entfernt wurden und der auch keine negativen Ladungen mehr enthält. Ein Vergleich dieses Bildes mit Abb. 10a zeigt, daß die Gebiete sehr niedriger Potentialwerte verschwinden, während Bereiche, die in den Zeichnungen mit den Ziffern $-2$ und $-2{,}5$ ausgewiesen werden, sich stark ausdehnen. Aus diesem Befund folgt eine stärkere energetische Homogenität in den mikroporösen Hohlräumen des Molekularsiebes US-Ex im Vergleich zum kationenhaltigen Molekularsieb NaX. Minimalflächen mit einer mittleren Adsorptionsenergie (Abb. 10a) befinden sich in der Nähe der Sauerstoffbrücken und vor den in diesem Modell kationenfreien Sauerstoff-6-Ringen.

Mit Hilfe eines speziellen Monte Carlo-Generators [16] wurde aus der kanonischen Gesamtheit für eine Temperatur von 298 K (Zimmertemperatur) die wahrscheinlichste Lage eines im Zeolithhohlraum adsorbierten n-Dekan-Moleküls ermittelt. Dessen Positionen im Hohlraum des zeolithischen Molekularsiebes NaX (10b) bzw. des Molekularsiebes US-Ex (11b) sind in den entsprechenden Bildern dargestellt. Sein Energiepotential (einschließlich der Konformationsenergie) beträgt für das Molekularsieb NaX —91,2 kJ/mol und für US-Ex —74,8 kJ/mol. Diese Einzelrealisierungen entsprechen in ihrem Absolutbetrag bereits der Tendenz der experimentell bestimmten differentiellen Adsorptionswärmen. Die experimentellen Werte betragen für NaX 91,4 kJ/mol und

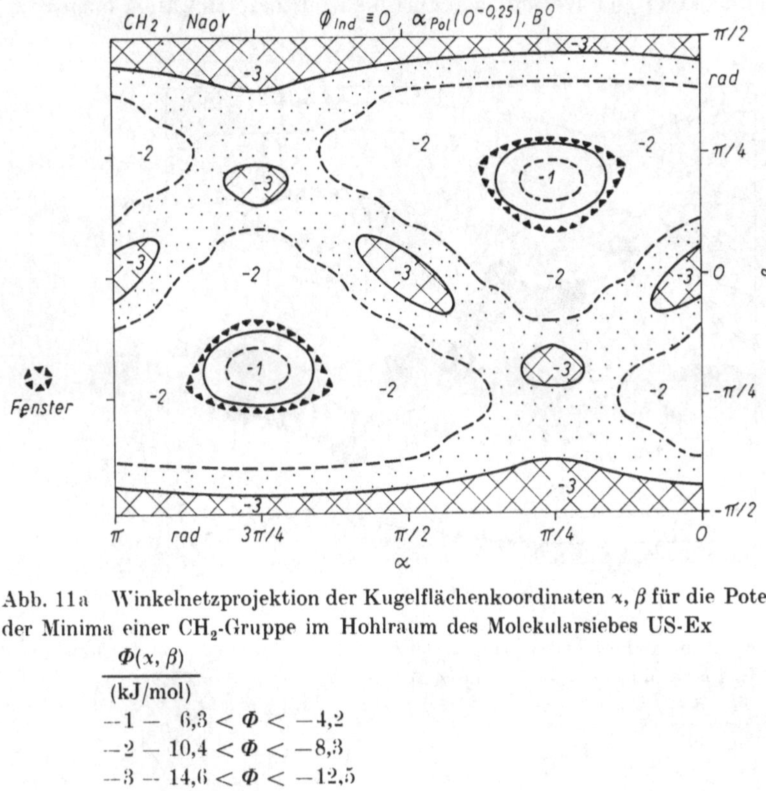


Abb. 11a Winkelnetzprojektion der Kugelflächenkoordinaten $\alpha$, $\beta$ für die Potentialfläche der Minima einer $CH_2$-Gruppe im Hohlraum des Molekularsiebes US-Ex

$$\frac{\Phi(\alpha, \beta)}{(\mathrm{kJ/mol})}$$

$-1 - 6{,}3 < \Phi < -4{,}2$

$-2 - 10{,}4 < \Phi < -8{,}3$

$-3 - 14{,}6 < \Phi < -12{,}5$

für US-Ex 67,8 kJ/mol. Aus den Abbildungen ist ersichtlich, daß die beiden adsorbierten n-Dekan-Moleküle sich in unterschiedlichem Maße im Hohlraum verknäueln. Wegen der starken Homogenität innerhalb der Minimalflächen der Adsorptionsenergien ist es verständlich, daß im Falle von US-Ex das n-Dekanmolekül sich in gestreckter Form dieser Fläche anpaßt. Beim NaX ist die Minimalfläche der Adsorptionsenergie inhomogener, deshalb werden dem adsorbierten Molekül stärker verknäulte Konformationen aufgezwungen. Dieser Sachverhalt ergibt sich deutlich aus dem Vergleich der Abb. 10b und 11b. Die Konformation des n-Dekan-Moleküls im US-Ex ähnelt stärker derjenigen in der flüssigen Volumenphase [24].

Zur Durchführung weiterer Monte Carlo-Berechnungen wurde ein spezieller Generator für Kettenmoleküle mit behinderter innerer Rotation in äußeren Energiefeldern und Wechselwirkungsenergien zwischen den Gliedern dieser Kette und auch verschiedenen Molekülen — in Zusammenarbeit mit den Theoretikern — auf der Grundlage der GIBBschen Statistik konstruiert [33]. Er wurde für zwei benachbarte Hohlräume der Molekularsiebe NaX und US-Ex, die mit n-Paraffinmolekülen der Kettenlänge eins bis zehn besetzt waren, eingesetzt.

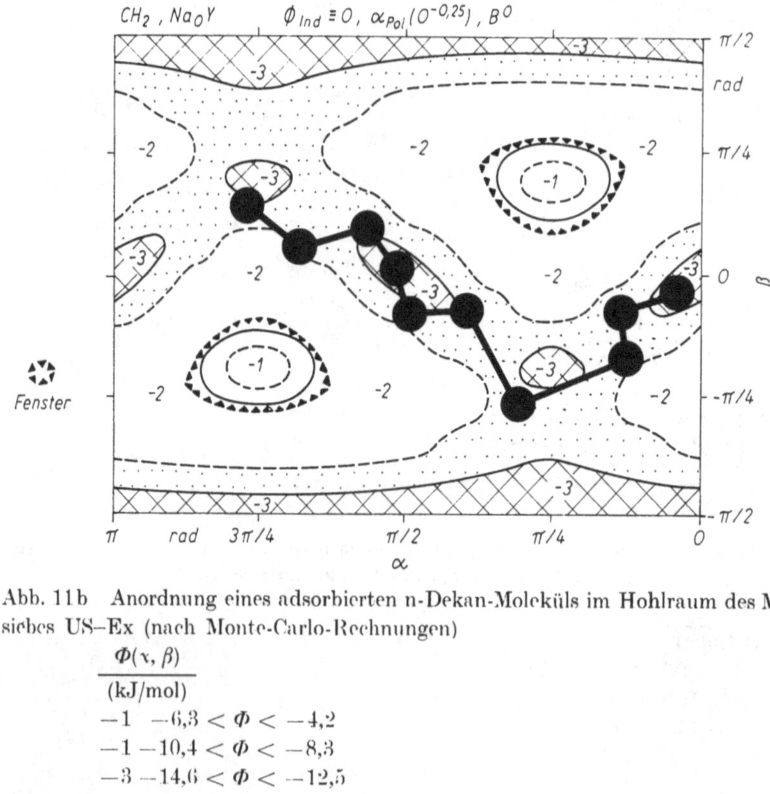


Abb. 11b Anordnung eines adsorbierten n-Dekan-Moleküls im Hohlraum des Molekularsiebes US–Ex (nach Monte-Carlo-Rechnungen)

| $\frac{\Phi(\alpha, \beta)}{(\text{kJ/mol})}$ | |
|---|---|
| −1 | $-6{,}3 < \Phi < -4{,}2$ |
| −1 | $-10{,}4 < \Phi < -8{,}3$ |
| −3 | $-14{,}6 < \Phi < -12{,}5$ |

In Abb. 12a und 12b sind die berechneten differentiellen Adsorptionswärmen für eine adsorbierte Menge von 6,5 mmol/g in Abhängigkeit von der Temperatur sowohl für den Zeolith NaX (Abb. 12a) als auch das Molekularsieb US-Ex (Abb. 12b) aufgetragen. Ein Vergleich der beiden Abbildungen zeigt, daß in Übereinstimmung mit den experimentellen Ergebnissen die berechneten Enthalpiewerte für das Adsorbens US-Ex etwa 30% kleiner sind als für den Zeolith NaX. Aus Abb. 12a und 12b ergibt sich ferner ein größerer Einfluß der Konformation der n-Paraffine für die Adsorption am Molekularsieb US-Ex, verglichen mit dem Verhalten der im Zeolith NaX adsorbierten Moleküle. Das drückt sich in einer stärker irregulären Temperaturabhängigkeit der Adsorptionsenergiekurven aus. Die mikroporöse Struktur des Molekularsiebes US-Ex (ohne die Kationen) zwingt die adsorbierten n-Paraffin-Moleküle zu einer größeren Zahl von cis-Formen — verglichen mit dem zeolithischen Molekularsieb NaX — in dem mehr gauche-Formen gefunden werden [24].

Abb. 13 zeigt die Abhängigkeit der berechneten Entropie von der Temperatur für die in den Molekularsieben NaX (Abb. 13a) und US-Ex (Abb. 13b) adsorbierten n-Paraffine. Aus den Abbildungen folgt, daß wesentliche Unterschiede

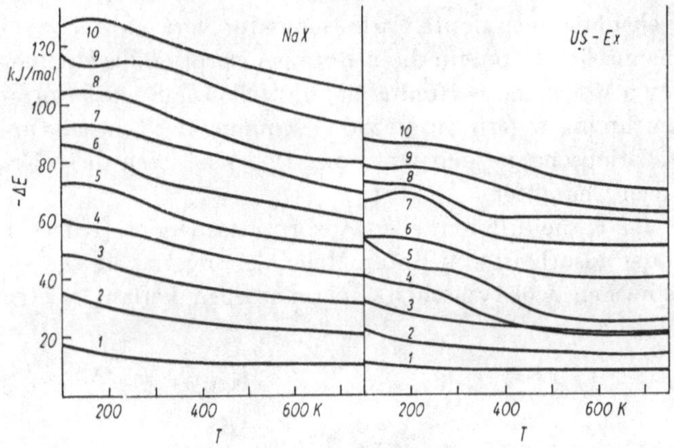


Abb. 12 Berechnete Abhängigkeit der Adsorptionsenergie der n-Paraffine von der Temperatur für den Zeolith NaX (*a*) und das Molekularsieb US-Ex (*b*)
Die Ziffern entsprechen den C-Zahlen des Adsorbates

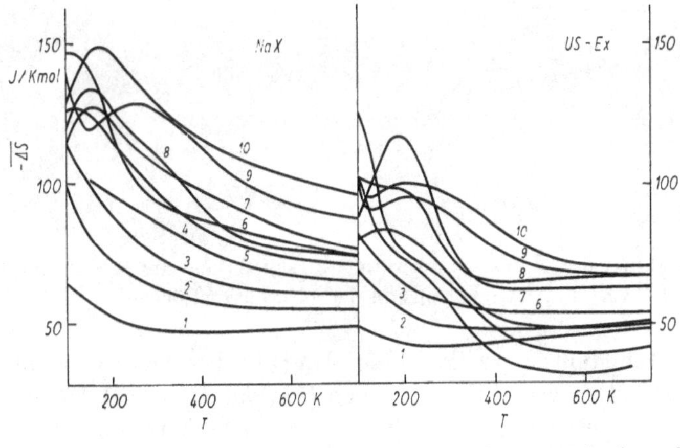


Abb. 13 Berechnete Abhängigkeit der Adsorptionsentropie der n-Paraffine von der Temperatur für den Zeolith NaX (*a*) und das Molekularsieb US-Ex (*b*)
Die Ziffern entsprechen den C-Zahlen des Adsorbates

zwischen den beiden Molekularsieben, die den Einfluß des elektrostatischen Feldes ausdrücken, vorhanden sind:

1. Die Entropiedifferenzen sind im Falle von NaX größer, das entspricht einer stärkeren Lokalisation in den Hohlräumen des gleichen Molekularsiebes.

2. Während die im Zeolith US-Ex adsorbierten n-Paraffine einen volumenähnlichen Zustand (mit konstanten Entropiedifferenzen) bei etwa 400 K erreichen, wird dieser Zustand (in dem untersuchten Temperaturbereich) für den Zeolith NaX nur im Falle der Paraffine geringer C-Zahl gefunden.

Um die Abhängigkeit der Adsorptionswärmen von der adsorbierten Menge zu berechnen, wurde ebenfalls der Monte Carlo-Generator verwendet. Dabei wurden die thermodynamischen Daten für die n-Butan-Adsorption bis zu einer adsorbierten Menge von 6 Molekülen je Hohlraum ermittelt. Die Realisierungszahl war bei diesen Berechnungen geringer als zur Gewinnung der Temperaturabhängigkeit der Adsorptionsenergie und -entropie. Daher besitzen diese Ergebnisse nur qualitativen Charakter.

In Abb. 14 sind für 300 K die differentiellen Adsorptionsenergien (Kurve 1 und 2) gegen die Zahl der adsorbierten n-Butan-Moleküle aufgetragen. Die erhaltenen Kurven entsprechen dem typischen experimentellen Verlauf, wie er

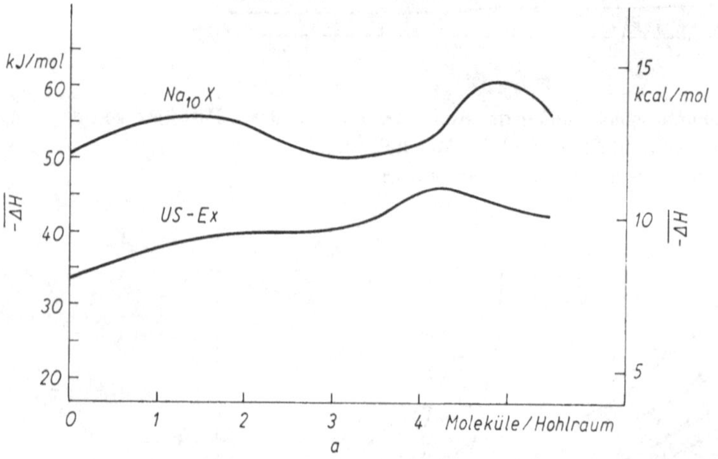


Abb. 14 Berechnete differentielle Adsorptionswärmen des n-Butans am Zeolith NaX und am Molekularsieb US-Ex in Abhängigkeit von der adsorbierten Menge

in vorhergehenden Abbildungen gezeigt wurde. Ein ähnliches Ergebnis wurde von uns für die Adsorption von n-Hexan in den Hohlräumen der Molekularsiebe NaX und US-Ex aus den Berechnungen erhalten [30]. Weitere Monte Carlo-Rechnungen mit und ohne intermolekulare Wechselwirkung, die allerdings noch nicht abgeschlossen sind, werden es uns erlauben, die Maxima in den Kurven der differentiellen Adsorptionsenergien zu erklären.

*Literatur*


[1] WEHNER, K., H. KAUFMANN und G. SEIDEL, Chem. Techn. **19**, 385 (1967).
[2] WEHNER, K., J. WELKER und G. SEIDEL, Chem. Techn. **21**, 548 (1969).
[3] FIEDLER, K., H. STACH und W. SCHIRMER, in „*Physical Adsorption*", Proceedings of the II. Czech. Conference on Physical Adsorption, Liblice, 1975, S. 194.
[4] SCHIRMER, W., K. FIEDLER und H. STACH, in „*Molecular Sieve – II*", ACS Symp. Ser. 40, Amer. Chem. Soc., Washington, D. C. 1977, S. 305.
[5] FIEDLER, K., H. STACH und W. SCHIRMER, in „*Erweiterte Thesen zur 5. Allunions-Konferenz über theoretische Fragen der Adsorption*", Verlag Nauka, Moskau, 1979, Teil I, S. 28.
[6] BARRER, R. M. und B. COUGHLAN, in „*Molecular Sieves*", Soc. Chem. Ind., London, 1968, S. 233.
[7] FLANIGEN, E. M., J. M. BENNETT, R. W. GROSE, J. P. COHEN, R. L. PATTON, R. M. KIRCHNER und J. V. SMITH, Nature **271**, 512 (1978).
[8] LOHSE, U., E. ALSDORF und H. STACH, Z. anorg. allgem. Chem. **447**, 64 (1978).
[9] CALVET, E. und A. PRAT, „*Mikrokalorimetrija*", Moskau, 1963.
[10] THAMM, H., Abteilung Adsorptionsthermodynamik des Zentralinstitutes für physikalische Chemie der AdW der DDR.
[11] LOHSE, U., H. STACH, H. THAMM, W. SCHIRMER, A. A. ISIRIKJAN, N. J. REGENT, Z. anorg. allg. Chem. **460**, 179 (1980).
[12] STACH, H., U. THROL und W. SCHIRMER, J. prakt. Chem. **321**, 541 (1979).
[13] STACH, H., S. P. SHDANOW, K. FIEDLER, W. SCHIRMER und N. N. SAMULEVIC, Z. phys. Chem. (Leipzig) **260**, 455 (1979).
[14] SCHIRMER, W., H. STACH, H. THAMM, M. M. DUBININ, A. A. ISIRIKJAN, N. J. REGENT und E. CH. ANAKTSCHAN, Z. phys. Chem. (Leipzig), im Druck.
[15] STACH, H., K. FIEDLER und W. SCHIRMER, Preprints of the Workshop „Adsorption of Hydrocarbons in Zeolites", Zentralinstitut für physikalische Chemie der AdW der DDR, 1979, S. 94.
[16] FIEDLER, K., Promotion B, Forschungsbereich Chemie der AdW der DDR, Berlin.
[17] BRECK, D. W., in „*Zeolite Molecular Sieves*", J. Wiley New York, London, Sidney und Toronto, 1974.
[18] FIEDLER, K., H. STACH und W. SCHIRMER, Vortrag auf der Hauptjahrestagung der Chemischen Gesellschaft in der DDR, Berlin, 1972.
[19] FIEDLER, K., H. STACH und W. SCHIRMER, Vortrag auf dem Workshop „Adsorption of Hydrocarbons in Zeolites", Berlin, 1979.
[20] STACH, H., H. THAMM, K. FIEDLER und W. SCHIRMER, Preprints of the Workshop „Adsorption of Hydrocarbons in Zeolites", Zentralinstitut für physikalische Chemie der AdW der DDR, 1979, S. 85.
[21] STACH, H. und K. FIEDLER, Z. phys. Chem., im Druck.
[22] FIEDLER, K., H. THAMM und H. STACH, Z. phys. Chem., in Vorbereitung.
[23] V. A. BAKAJEW, Dokl. AN SSSR **167**, 369 (1967).
[24] FIEDLER, K. und H. STACH, Vortrag auf der 5. Allunionskonferenz über theoretische Fragen der Adsorption, Moskau, 1979.
[25] KISSELJEW, A. W. und D. P. POSCHKUS, Z. Fiz. Chim. **32**, 2824 (1958).
[26] MEIER, W. M. und D. H. OLSON, Adv. Chem. Ser. **101, 166** (1971).
[27] HSEU, K., „*Ph. D. Thesis*", University of Washington, 1972.

[28] PFEIFER, H., Kristall und Technik **11**, 577 (1976).
[29] BEZUS, A. G., A. W. KISSELJEW, A. A. LOPATKIN und PHAM QUANG DU, J. Chem. Soc. Faraday Trans. II, **74**, 367 (1978).
[30] FIEDLER, K., U. LOHSE, J. SAUER, H. STACH, H. THAMM und W. SCHIRMER, Vortrag auf der V. Internationalen Zeolithkonferenz, Neapel, 1980.
[31] LOHSE, U. und M. MILDEBRAND, Z. anorg. allg. Chem., im Druck.
[32] FIEDLER, K., H. J. SPANGENBERG und W. SCHIRMER, Mber. Dtsch. Akad. Wissensch. Berlin, **9**, 516 (1967).
[33] FIEDLER, K. und H. J. SPANGENBERG, Z. phys. Chem. (Leipzig) **260**, 949 (1979).

Wolfgang Schirmer

## Schlußwort

Meine lieben Kolleginnen und Kollegen!

Wie Sie sehen, bin ich nicht im Programm vorgesehen. Meim Auftreten ist also „spontan". Dennoch habe ich ein Manuskript, an das ich mich aber nur in Umrissen halten werde.

Nach der sehr ausführlichen Laudatio, die Herr KEIL hier vorgetragen hat, kennen Sie mich ja doch nun sehr gut. Glauben Sie mir, solche Tage sind nicht nur für die Redner, sondern auch für den Jubilar anstrengend. Er verfolgt mit besonderer persönlicher Anteilnahme, wie sich sein Leben, die Triebkräfte seines Handelns, seine wissenschaftlichen Erkenntnisse über Jahrzehnte hinweg in den Auffassungen seiner Kollegen widerspiegeln.

Zunächst möchte ich mich bei allen Rednern auf das herzlichste bedanken. Dir, lieber GERHARD KEIL, danke ich für die Laudatio, die in eingehender Weise meinen Lebenslauf verfolgt und Zusammenhänge aufzeigt, die meinem Leben das Gepräge gegeben haben.

Ihnen, lieber Herr THIESSEN, und Ihnen, lieber Herr PFEIFER, danke ich vielmals für die wissenschaftlichen Ergebnisse, die Sie hier vortrugen. Ihre Darlegungen zeigten mir vor allem, was der persönliche Kontakt zwischen uns zur Lösung der Probleme beitrug. In diesem Sinne möchte ich auch Dir, lieber Genosse SCHÖLLNER, und Dir, lieber Genosse STACH, recht herzlich danken. Und nicht zuletzt sei auch Dir, lieber HANS-JOACHIM SPANGENBERG, für die wissenschaftliche und organisatorische Vorbereitung dieser Sitzung gedankt, eine Arbeit, die nicht immer sichtbar wird, aber dennoch wesentlich zum Gelingen einer Sitzung wie dei unseren beiträgt.

Ehrlich gesagt, ich bin ein wenig beschämt, daß Sie mir manches persönlich zugute schreiben, was unzweifelhaft das Verdienst vieler tüchtiger Mitarbeiter ist. Aus 15jähriger Zusammenarbeit weiß ich ja wohl am besten, welchen Anteil der einzelne an unseren Ergebnissen hat. Aus der großen Zahl von Mitarbeitern, die ich im Laufe meiner Tätigkeit in der Industrie und an der Akademie gewinnen konnte, seien hier nur die Namen STACH, BÜLOW, GELBIN, FIEDLER und ROETHE genannt, die sich, jeder auf bestimmten Gebieten, in jahrelanger Tätigkeit auszeichneten und die hiermit noch einmal stellvertretend für viele andere Mitarbeiter erwähnt seien.

In der Wissenschaft gehen entscheidende Impulse für neue Denk- und Arbeitsrichtungen von einzelnen Persönlichkeiten aus. Der Vorstoß ins wissenschaftliche Neuland, die Erkundung neuer Gesetzmäßigkeiten und die Ausarbeitung neuer Theorien sind in hohem Maße an hervorragende Wissenschaftler gebunden. Das Denken ist ein individueller Vorgang. Aber gerade in den Naturwissenschaften und besonders in der Chemie zeigt es sich, daß der systematische Ausbau des Gebietes, besonders die Anwendung und Überführung neuer Erkenntnisse in die gesellschaftliche Praxis, die Zusammenarbeit auf einer immer breiter werdenden interdisziplinären Grundlage notwendig macht. Leistungsfähige Kollektive sind die Voraussetzung dafür, daß die Wissenschaft zur Produktivkraft wird.

Der gesellschaftliche Charakter der wissenschaftlichen Arbeit, die Arbeitsteilung und die vielfältigen Aufgaben, die bei der Lösung technologischer Aufgaben bewältigt werden müssen, setzen ein kollektives Arbeiten voraus. Zwischen dem Geistesblitz des einzelnen, den von ihm hartnäckig verfolgten Ideen und der gesellschaftlichen Nutzung dieser Ideen auf einem hohen wissenschaftlich-technischen Niveau durch Kollektive besteht ein dialektischer Zusammenhang. In der Chemie versuchen wir, nach diesen Erkenntnissen zu handeln. Wir ehren die Träger neuer wissenschaftlicher Ideen, die Entdecker hocheffektiver Prinzipien, aber wir übersehen auch nicht, daß der einzelne heute weniger als früher gesellschaftlich wirkende Konsequenzen realisieren kann. Und so sei noch einmal betont, daß ein großer Teil des Lobenswerten, das Sie, liebe Kollegen, heute hier an meine Adresse gerichtet haben, meinen Mitarbeitern zukommt, die mir seit vielen Jahren zur Seite stehen.

Aus dem Gesagten ergibt sich für den Wissenschaftler unserer Tage eine Konsequenz: Auch die Fragen der Organisation von Wissenschaftsprozessen, der Zusammenarbeit und der Schaffung einer produktiven Atmosphäre in den Forscherkollektiven dürfen nicht geringgeschätzt werden. Durch sie wird die Voraussetzung für die Realisierung vieler vorwärtsweisender Ideen geschaffen. Natürlich verstehe ich unter Organisation planvolle und zielgerichtete Maßnahmen, die Menschen unterschiedlicher Ausbildung und Leistungsfähigkeit auf ein wissenschaftliches und volkswirtschaftliches Ziel hinlenken. Organisation muß sich durch einen hohen Wirkungsgrad auszeichnen. Daß Organisation manchmal mit Hektik im Arbeitsablauf und mit Schwierigkeiten bei der Einhaltung von Terminen gleichgesetzt und daher nicht immer hochgeschätzt wird, ist ein bedauerlicher Mangel. Gegen diese Form organisatorischer Mängel in unserer Arbeit dürfen wir in unserem Kampf nicht nachlassen. Die Verbindung zwischen Wissenschaft und effektiver Organisation ist eine sehr anspruchsvolle Aufgabe, die unsere ganze Aufmerksamkeit erfordert. Wissenschaftliche Originalität und Leistungsfähigkeit mit dem Talent zur Organisation der Arbeit zu verbinden, das sollte heute den Leiter von Wissenschaftsprozessen auszeichnen.

Mit 60 Jahren darf man, das werden Sie mir sicher zugestehen, so etwas wie eine Lebensbilanz aufstellen, und ohne allzusehr ins einzelne zu gehen, möchte ich noch ein paar Faktoren aus meiner Bilanz hier nennen: Als einen sehr entscheidenden positiven Faktor sehe ich die Tatsache an, daß ich seit nahezu 34 Jahren in der wissenschaftlichen Arbeit der Industrie und der Forschungseinrichtungen unseres Landes tätig bin. Stets hatte ich die Überzeugung, in den entscheidenden Fragen auf der richtigen Seite der Entwicklung zu stehen und jene gesellschaftlichen Positionen zu vertreten, denen die Zukunft gehört. Unser Weg gibt der Zukunft das Gepräge, und wenn auch viele Hindernisse und schwierige Fragen zu überwinden sind, so können wir doch das ausgehende 20. Jahrhundert zu Recht als das Jahrhundert des Sozialismus betrachten; denn allen imperialistischen Drohungen zum Trotz bestimmen unsere Ideen den Gang der weiteren Entwicklung. An dieser Aufgabe in einem bescheidenen Maße mitgewirkt zu haben und auch in Zukunft daran tätig sein zu können, beeinflußt meine persönliche Bilanz auf das nachdrücklichste.

Ich hatte Gelegenheit, sowohl in der chemischen Industrie als auch in wissenschaftlichen Institutionen arbeiten zu können, und ich habe dabei viele hervorragende Wissenschaftler, viele Persönlichkeiten kennengelernt, die einen großen Einfluß auf meine Entwicklung nahmen. Nicht zuletzt seien auch darunter sowjetische Wissenschaftler und Ingenieure verstanden, die in der Laudatio erwähnt wurden. Ich muß offen bekennen, daß die Entscheidungen, die ich in meinem Leben zu treffen hatte, nicht immer leicht und eindeutig waren. In einem Alter, in dem man heute an der Akademie noch als Jugendlicher im Sinne der Mitwirkung an der „Messe der Meister von Morgen" betrachtet wird, mußte ich nahezu unvorbereitet große Verantwortung in der chemischen Industrie übernehmen. Ich lernte es damals schnell, mich auf die Erfahrungen älterer Kollegen und Genossen zu stützen. Die Hilfe staatlicher und gesellschaftlicher Organe war mir gewiß, aber das Entscheidende zum Gelingen mußte ich in mir selbst durch Lernen und durch Mobilisierung eigener Kräfte verwirklichen. Das war schwer und schuf viele Konflikte, aber diese Etappe meiner Entwicklung formte mich in vieler Hinsicht.

Zweifellos gehört es zu den großen Vorzügen unserer sozialistischen Gesellschaft, daß wir heute junge Menschen planmäßig, mit Sorgfalt und viel Liebe auf ihr künftiges Leben vorbereiten. Aber manchmal habe ich doch den Eindruck, als ob wir dabei die Akzente allzusehr in Richtung auf die „Fürsorge" verschieben und daß wir ein Klima schaffen, das eher der Bevormundung als der Herausforderung der in den jungen Menschen steckenden Kräfte dient. Es kommt darauf an, auch die Überwindung von Hindernissen zu lernen, den eigenen Willen zu stärken. Höhere Anforderungen an jeden einzelnen müssen wir mit der Überzeugung verbinden, daß junge Menschen auf ihre Kräfte voll vertrauen müssen, wenn sie ihren eigenen Weg als Wissenschaftler gehen wollen. Ich betrachte meine Jahre in der Industrie als einen Abschnitt meines Lebens, in dem ich manche Erfahrungen sammeln konnte und in dem ich auch lernte, mir etwas zuzutrauen und meine Kräfte zu entwickeln. Die Überwindung mancher Schwierigkeit hängt von unserem Willen ab. Wir dürfen uns keineswegs leicht mit sogenannten objektiven Schwierigkeiten abfinden, sondern müssen alles tun, um die subjektiven Voraussetzungen für die erfolgreiche Überwindung zu schaffen. Solche Erfahrungen werden einem vor allem in der Industrie vermittelt. Ich halte es deshalb für eine notwendige und richtige Entscheidung, daß junge Kollegen, die in unseren Instituten tätig sind, die Arbeit in der Industrie aus unmittelbarer Anschauung kennenlernen und dadurch Vorstellungen über persönliche Verantwortung vermittelt bekommen, die in einem Produktionsprozeß so ausgeprägt erforderlich ist.

Die heutigen Vorträge beschäftigten sich mit der Adsorption. Für mich war es außerordentlich interessant zu sehen, wie die Idee der Selektivadsorption, die doch zunächst ein spezielles Arbeitsgebiet zu sein schien, sich auffächerte und wie sie durch Wissenschaftler verschiedener Arbeitsrichtungen, durch die unterschiedlichen wissenschaftlichen Methoden und auch durch persönliche Neigungen und Fähigkeiten in ein ganzes Spektrum von wissenschaftlichen Richtungen gebracht wurde. Hier verbindet sich der individuelle Faktor der wissenschaftlichen Tätigkeit mit dem der gesellschaftlichen Nützlichkeit; denn alle die hier vorgetragenen Arbeiten haben die Probe in der technischen Praxis bestanden. Die Ergebnisse, die heute vorgetragen wurden, entstanden im Laufe einer umfassenden Spezialisierung. Die Tiefe des Problems muß voll erfaßt werden, gleichzeitig aber wären alle Resultate nicht möglich, wenn die wissenschaftlichen Zusammenhänge vernachlässigt worden wären, die die Zusammenfassung einzelner Erkenntnisse auf einem möglichst hohen Niveau ermöglichten. Spezialist sein und gleichzeitig den Überblick über den größeren Zusammenhang zu bewahren, das ist die Forderung des Tages. Und so bemühen wir uns seit Jahren als Physiker, Physikochemiker, Mathematiker, Verfahrensingenieur oder als Chemiker, die Zusammenarbeit systematisch zu betreiben und daraus anwendungsreife Erkenntnisse für die Technik zu erlangen.

Erfolg als Wissenschaftler hat natürlich vor allem derjenige, der sich mit seiner Arbeit auf das innigste verbunden fühlt. Arbeit in der Wissenschaft ist nicht schlechthin ein Beruf, und wenn ich auch das Wort „Berufung“ nicht gern verwende, weil es etwas hochgestochen erscheinen mag, so liegt in diesem Begriff doch eine tiefe innere Bedeutung. Die Verbindung zur Wissenschaft, die Tätigkeit für sie und in ihr kann weder durch Beachtung eines Achtstundentages noch durch arbeitsrechtliche Grundsätze allein erfaßt werden. Unsere Arbeit als Wissenschaftler fordert uns als Menschen voll, zu jeder Zeit und in einem nicht genau abgrenzbaren Umfang. Ob nun jemand für die Wissenschaft berufen ist oder nicht, kann nicht immer leicht erkannt werden, und auch die Herausarbeitung von Kriterien, die uns eine entsprechende Entscheidung erleichtern sollen, führt nicht immer zum Ziel. Wer aber den obengenannten Grundsätzen, die an die Arbeit eines Wissenschaftlers gestellt werden sollten, nicht zustimmen kann, oder nicht entsprechen möchte, der sollte eine andere Arbeit in unserer sozialistischen Gesellschaft übernehmen, als eine

Tätigkeit in der Wissenschaft. In unserer Gesellschaft wird jede produktive Arbeit geachtet und anerkannt. Die günstigen Bedingungen, die Partei und Regierung für die wissenschaftliche Arbeit zum Beispiel in der Akademie gegeben haben, müssen wir in vollem Maße nutzen. Das ist unsere gesellschaftliche Verpflichtung, und wenn manchmal die Frage gestellt wird, ob wir oder unsere Mitarbeiter nicht gelegentlich „überfordert" sind, so möchte ich aus eigener Erfahrung darauf antworten, daß ich eher das Gegenteil, das einer gelegentlichen Unterforderung beobachte. Ich bin überzeugt, daß auch wir noch Reserven haben, die wir jetzt erschließen müssen.

Im Laufe von Jahren ist unser Institut zu einem leistungsfähigen Kollektiv zusammengewachsen. Wir vollbringen auf unseren Gebieten hohe Leistungen und haben alle Voraussetzungen dafür, noch bessere Ergebnisse zu erreichen. Ich möchte hier auch meinen Dank dafür aussprechen, daß der Präsident und das Präsidium unserer Akademie sowie der Leiter des Forschungsbereiches Chemie unsere Arbeit konsequent fördern, uns für die Erfüllung unserer Aufgaben wichtige Hinweise geben und mit uns in jeder Beziehung eng zusammenarbeiten. Die sachliche Arbeitsatmosphäre, die gerade unter uns Chemikern ausgeprägt ist, fördert unsere Tätigkeit sehr. Sie beflügelt schöpferische Arbeit. Auch die Ergebnisse, über die heute hier berichtet wurde, waren nur möglich, weil eine produktive Arbeitsatmosphäre bestand, und ich nehme die Gelegenheit gern wahr, zu bestätigen, daß Leitung und wissenschaftliche Ergebnisse in wechselseitiger Beziehung stehen, und daß die Qualität der Leitung auch unmittelbar auf die Qualität der Wissenschaftsergebnisse Einfluß nimmt. Das gilt im übrigen auch für alle unsere Kooperationspartner im In- und Ausland. Und so danke ich Ihnen zum Abschluß dieses Kolloquiums noch einmal recht herzlich für ihre freundlichen Worte. Setzen wir durch unsere Zusammenarbeit das in die Tat um, was wir uns gemeinsam vorgenommen haben, damit werden wir am besten unseren wissenschaftlichen und gesellschaftlichen Verpflichtungen gerecht!

ISSN 0138–3956